W. Dolejsky · H. D. Unkelbach

Repetitorium Mathematik
Teil B

Wolfgang Dolejsky
Hans Dieter Unkelbach

Repetitorium Mathematik

**für Studenten der Ingenieurwissenschaften
mit Aufgaben aus Diplomvorprüfungen
für Elektrotechniker**

Teil B

Ein Katalog wichtiger mathematischer Lösungsmethoden
mit 80 durchgerechneten Textbeispielen
und 104 gelösten Prüfungsaufgaben

HAAG + HERCHEN Verlag GmbH
Frankfurt am Main

CIP-Kurztitelaufnahme der Deutschen Bibliothek

Dolejsky, Wolfgang:
Repetitorium Mathematik für Studenten der Ingenieurwissenschaften mit Aufgaben aus Diplomvorprüfungen für Elektrotechniker / Wolfgang Dolejsky; Hans Dieter Unkelbach. – Frankfurt am Main: Haag und Herchen.

NE: Unkelbach, Hans Dieter:

Teil B. Ein Katalog wichtiger mathematischer Lösungsmethoden mit 80 durchgerechneten Textbeispielen und 104 gelösten Prüfungsaufgaben. – 1. Aufl. – 1978.
ISBN 3-88129-140-7

ISBN 3-88129-140-7

Gesamtherstellung: Proff GmbH & Co. KG, Bad Honnef

Printed in Germany

Vorwort

Studenten der Ingenieurwissenschaften an einer Technischen Hochschule werden im Fach Mathematik in einem viersemestrigen Grundkurs ausgebildet. Die erworbenen Kenntnisse sind bei der Diplomvorprüfung in einer schriftlichen Klausur nachzuweisen. Zur Vorbereitung bleibt selten genügend Zeit, den gesamten Vorlesungsstoff zu wiederholen und einzuüben. Das Repetitorium bietet eine gezielte Prüfungsvorbereitung:

- es trifft eine geeignete Auswahl aus dem umfangreichen Vorlesungsstoff,
- es bereitet den ausgewählten Stoff rezeptmäßig auf, so daß standardisierte Lösungsansätze für die gestellten Aufgaben parat sind und nicht erst während der Prüfungszeit überlegt werden müssen,
- es stellt ausreichend Übungsmaterial bereit, um das Anwenden der Lösungsverfahren zu trainieren, damit während der Prüfung über die notwendige Routine verfügt wird.

Der vorliegende Teil B befaßt sich mit dem Stoff des 3. und 4. Semesters des Grundkurses, der bereits erschienene Teil A mit dem Stoff des 1. und 2. Semesters. Jeder Teil enthält eine Sammlung authentischer Aufgaben aus Diplomvorprüfungen in Mathematik, die für Elektrotechniker an der Technischen Hochschule Darmstadt in den Jahren 1970 bis 1978 gestellt wurden.

Die Autoren haben mehrere Jahre lang an der Technischen Hochschule Darmstadt bei Diplomvorprüfungen für Ingenieure in Mathematik mitgewirkt und Prüfungsaufgaben gesammelt. Bei der Vielzahl der Aufgaben treten immer wieder die gleichen Typen auf, die mit den gleichen Lösungsmethoden angegangen werden können. Zu jedem Aufgabentyp werden die Begriffe, Methoden und Lösungsschemata bereitgestellt und an einem Beispiel exemplarisch vorgeführt. Als Übungsaufgaben sind die gesammelten Vordiplomaufgaben mit Lösungen angefügt. Die Häufigkeit, mit der ein bestimmter Aufgabentyp bei Klausuren der letzten Jahre aufgetreten ist,kann man der Tabelle auf Seite 5 entnehmen.

Anhand dieser Statistik kann ein Student erkennen, wie wichtig es ist, einen bestimmten Aufgabentyp bearbeiten zu können. So kann er sich je nach der ihm zur Verfügung stehenden Zeit schwer=punkt mäßig vorbereiten. Zu diesem Zwecke sind die einzelnen Kapitel - soweit wie möglich - unabhängig voneinander gehalten. Es wird bewußt darauf verzichtet, den Leser an das Auffinden eleganter spezieller Lösungswege heranzuführen. Vielmehr werden relativ wenige standardisierte Lösungsschemata ausführlich be=schrieben. Mit diesen kann der Student auch bei starker nervli=cher Anspannung während der Prüfung rezeptartig arbeiten.

Das Repetitorium ist in erster Linie zur Prüfungsvorbereitung konzipiert; darüber hinaus kann es auch als Katalog wichtiger mathematischer Lösungsmethoden und als umfangreiche Aufgaben=sammlung neben den Mathematikerveranstaltungen an Hochschulen und Fachhochschule von Nutzen sein.
In beiden Bänden sind die Erfahrungen zusammengetragen, welche die Autoren während ihrer wissenschaftlichen und pädagogischen Tätigkeit am Fachbereich Mathematik der TH Darmstadt gesammelt haben, beim Erstellen und Abhalten der Übungen zum Grundkurs in Mathematik, bei der persönlichen Beratung der Studenten und bei Repetitorien und Prüfungsvorbereitungskursen.

Die Autoren danken Herrn Prof.Dr.K.-W. Gaede und ihren Kolle=gen in der Arbeitsgruppe 9 des Fachbereiches Mathematik der Technischen Hochschule Darmstadt für viele methodische Anre=gungen.

Darmstadt, im Mai 1978

W. Dolejsky
H.D. Unkelbach

Übersicht über die gesammelten Klausuraufgaben

An der Technischen Hochschule Darmstadt besteht die Diplomvorprüfung in Mathematik für Elektrotechniker aus zwei Teilen, der Klausur zur Diplomvorprüfung Teil A (Stoff aus Semester 1 und 2) und der Klausur zur Diplomvorprüfung Teil B (Stoff aus Semester 3 und 4).

Im vorliegenden Band B des Repetitoriums wird im wesentlichen der Stoff der B-Klausur behandelt. Der Aufgabenteil enthält die gesammelten Aufgaben der B-Klausuren von 1971 bis 1978 mit Ausnahme der Aufgaben, die bereits in Teil A behandelt wurden. Ferner sind 6 Aufgaben aus A-Klausuren mitaufgenommen, die mit den Methoden von Kapitel 29 bearbeitet werden können. Die unten stehende Tabelle gibt eine Übersicht, wie oft ein bestimmter Aufgabentyp in B-Klausuren aufgetreten ist. In der Zeile v 36 sind vermischte Aufgaben sehr unterschiedlichen Typs aufgeführt; die zugehörigen speziellen Lösungsmethoden fallen aus dem Rahmen des Repetitoriums.

Aufgaben= typ (Kapi= tel Nr.)	B-Klausuren														
	H71	F72	H72	F73	H73	F74	H74	F75	H75	F76	H76	F77	H77	F78	gesamt
In Teil A 1 - 18	6	7	3	2	4	3	3	3	4	3	1	1			40
In Teil B															
19		1	1	1	1	1	1		1		2	2			11
20	1				1			1		1			1		5
21			1	1		1			1						4
22	1	1	1	1			1	1	1	1	1	1	1	1	12
23					1	1									2
24			1	1				1	1				1		5
25	1	1		1	1	1									5
26						1	3	2		1	1	1		1	10
27	1	1											1	1	4
28			1	1	1	1					1	1			6
29	1						2	2			2	2	1	1	11
30	1	1						1							3
31										1				1	2
32					1	1			1	1	1	1	1	1	8
33									1	1	1	1			4
34													1	1	2
35					1	1	1	1	1	1	1	1	1	1	10
v 36			4	4	1	1	2	2	1						15

Tabelle: Häufigkeiten des Auftretens der Aufgabentypen in B-Klausuren von 1971 bis 1978

Beispiel: In der B-Klausur Herbst 1974 tritt der Aufgabentyp 26 (Kapitel 26) 3-mal auf, während Aufgabentyp 34 nicht auftritt.

Inhalt

I. Begriffe und Methoden

19. Lineare Differentialgleichungen mit konstanten Koeffizienten

Eine lineare Differentialgleichung (Dgl.) mit konstanten Koeffizienten hat die Gestalt

$$a_n y^{(n)} + a_{n-1} y^{(n-1)} + \ldots + a_1 y' + a_o y = r(x) ,$$

dabei sind die Koeffizienten a_j reelle Konstanten, die rechte Seite $r(x)$ hängt nur von x (und nicht von y) ab, n heißt die Ordnung der Dgl.

19.1 Homogene lineare Differentialgleichungen mit konstanten Koeffizienten

Eine lineare Dgl., bei der die rechte Seite $r(x) = 0$ ist, nennt man eine homogene lineare Dgl.

$$a_n y^{(n)} + a_{n-1} y^{(n-1)} + \ldots + a_1 y' + a_o y = 0$$

Lösungsmethode:

Man bestimmt die Nullstellen des zur Dgl. gehörenden charak=teristischen Polynoms:

$$a_n \lambda^n + a_{n-1} \lambda^{n-1} + \ldots + a_1 \lambda + a_o = 0$$

Zu den Nullstellen des charakteristischen Polynoms gehören gemäß Tabelle 19.1 n linear unabhängige Lösungen der Dgl.; die allgemeine Linearkombination dieser n Lösungen ist die allgemeine Lösung der homogenen Dgl.

Beispiel 19.1.1: $y'' + 3y' + 2y = 0$

Lösung: Charakteristisches Polynom

$$\lambda^2 + 3\lambda + 2 = 0$$

Nullstellen: $\lambda_1 = -1$ einfache reelle N.

$\lambda_2 = -2$ einfache reelle N.

Nach Tabelle 19.1 gehören dazu die beiden linear unabhängigen Lösungen: $e^{-1 \cdot x}$ und $e^{-2 \cdot x}$

Allgemeine Lösung der Dgl.: $y = C_1 e^{-x} + C_2 e^{-2x}$

Tabelle 19.1

Nullstellen des charakteristischen Polynoms		linear unabhängige Lösungen der Differentialgleichungen
$\lambda = 0$	einfache Nullstelle	1
$\lambda = 0$	zweifache N.	$1, \quad x$
$\lambda = 0$	k-fache N.	$1, \quad x, \quad x^2, \ldots, x^{k-1}$
$\lambda = \alpha$	einfache reelle N.	$e^{\alpha x}$
$\lambda = \alpha$	zweifache reelle N.	$e^{\alpha x}, \quad x e^{\alpha x}$
$\lambda = \alpha$	k-fache reelle N.	$e^{\alpha x}, \quad x e^{\alpha x}, \quad x^2 e^{\alpha x}, \ldots, x^{k-1} e^{\alpha x}$
$\lambda = i\beta$ $\bar{\lambda} = -i\beta$	Paar konjugierter rein imaginärer einfacher N.	$\cos \beta x, \sin \beta x$
$\lambda = i\beta$ $\bar{\lambda} = -i\beta$	Paar konjugierter rein imaginärer zweifacher N.	$\cos \beta x, \sin \beta x, x \cos \beta x, x \sin \beta x$
$\lambda = i\beta$ $\bar{\lambda} = -i\beta$	Paar konjugierter rein imaginärer k-facher N.	$\cos \beta x, \sin \beta x,$ $x \cos \beta x, x \sin \beta x, \ldots$ $\ldots, x^{k-1} \cos \beta x, x^{k-1} \sin \beta x$
$\lambda = \alpha + i\beta$ $\bar{\lambda} = \alpha - i\beta$	Paar konjugiert komplexer einfacher N.	$e^{\alpha x} \cos \beta x, e^{\alpha x} \sin \beta x$
$\lambda = \alpha + i\beta$ $\bar{\lambda} = \alpha - i\beta$	Paar konjugiert komplexer zweifacher N.	$e^{\alpha x} \cos \beta x, \quad e^{\alpha x} \sin \beta x,$ $x e^{\alpha x} \cos \beta x, \quad x e^{\alpha x} \sin \beta x$
$\lambda = \alpha + i\beta$ $\bar{\lambda} = \alpha - i\beta$	Paar konjugiert komplexer k-facher N.	$e^{\alpha x} \cos \beta x, \quad e^{\alpha x} \sin \beta x,$ $x e^{\alpha x} \cos \beta x, \quad x e^{\alpha x} \sin \beta x, \ldots$ $\ldots, x^{k-1} e^{\alpha x} \cos \beta x, x^{k-1} e^{\alpha x} \sin \beta x$

Beispiel 19.1.2: $y'' + 2y' + y = 0$

Lösung: Charakteristisches Polynom

$$\lambda^2 + 2\lambda + 1 = 0$$

Nullstellen: $\lambda_1 = \lambda_2 = -1$ zweifache reelle N.

Nach Tabelle 19.1 gehören dazu die beiden linear unabhängigen Lösungen: e^{-x} und $x\,e^{-x}$.

Allgemeine Lösung der Dgl.: $y = C_1 e^{-x} + C_2 x e^{-x}$

Beispiel 19.1.3: $y'' + 4y' + 13y = 0$

Lösung: Charakteristisches Polynom

$$\lambda^2 + 4\lambda + 13 = 0$$

Nullstellen: $\left.\begin{array}{l}\lambda_1 = -2 + 3i\\ \lambda_2 = -2 - 3i\end{array}\right\}$ Paar konjugiert komplexer einfacher N.

Nach Tabelle 19.1 gehören dazu die beiden linear unabhängigen Lösungen: $e^{-2x}\cos 3x$ und $e^{-2x}\sin 3x$.

Allgemeine Lösung der Dgl.: $y = C_1 e^{-2x}\cos 3x + C_2 e^{-2x}\sin 3x$

Beispiel 19.1.4: $y^V + 8y''' + 16y' = 0$

Lösung: Charakteristisches Polynom

$$\lambda^5 + 8\lambda^3 + 16\lambda = 0$$

Nullstellen: $\lambda_1 = 0$ einfache Nullstelle

$\left.\begin{array}{l}\lambda_2 = \lambda_3 = 2i\\ \lambda_4 = \lambda_5 = -2i\end{array}\right\}$ Paar konjugierter rein imaginärer zweifacher Nullstellen

Nach Tabelle 19.1 gehören dazu die 5 linear unabhängigen Lösungen: 1, $\cos 2x$, $\sin 2x$, $x\cos 2x$, $x\sin 2x$

Allgemeine Lösung der Dgl.:

$$y = C_1 \cdot 1 + C_2 \cdot \cos 2x + C_3 \cdot \sin 2x + C_4 \cdot x \cdot \cos 2x + C_5 \cdot x \sin 2x$$

19.2 Inhomogene lineare Differentialgleichungen mit konstanten Koeffizienten

Eine lineare Dgl., bei der die rechte Seite r(x) von Null ver=schieden ist, nennt man eine inhomogene Dgl:

$$a_n y^{(n)} + a_{n-1} y^{(n-1)} + \ldots + a_1 y' + a_o y = r(x)$$

Lösungsmethode:

1) Man bestimmt zunächst die allgemeine Lösung y_h der zugehörigen homogenen Dgl.

$$a_n y^{(n)} + a_{n-1} y^{(n-1)} + \ldots + a_1 y' + a_o y = 0$$

nach der Methode von 19.1 .

2) Man bestimmt eine spezielle (oder partikuläre) Lösung y_p der vorliegenden inhomogenen Dgl., entweder mit Hilfe der Variation der Konstanten (siehe Kap.21.2) oder, falls die rechte Seite r(x) vom "günstigen Typ" ist, einfacher mit einem Ansatz vom Typ der rechten Seite, wie er im folgenden beschrieben wird.

3) Die allgemeine Lösung der vorliegenden inhomogenen Dgl. lautet

$$y = y_h + y_p \; .$$

Ansatz vom Typ der rechten Seite:

Eine partikuläre Lösung y_p der inhomogenen Dgl. kann man dann mit folgendem Ansatz finden, wenn die rechte Seite r(x) vom günstigen Typ ist, d.h. eine Linearkombination von Funktionen aus Tabelle 19.1 ist.

a) Zu diesen Funktionen der rechten Seite liest man aus Tabelle 19.1 das zugehörige reelle λ bzw. das zugehörige Paar konjugiert komplexer $\lambda, \bar{\lambda}$ ab und nimmt den gesamten dort vorgefundenen Satz von Funktionen in den Ansatz für y_p auf.

b) Man prüft nach, ob ein λ bereits als Nullstelle des charak=teristischen Polynoms aufgetreten ist. Ist dies der Fall und λ m-fache Nullstelle des charakteristischen Polynoms (m-fache Resonanz), dann ist der entsprechende Satz zugehöriger Funk=tionen des Ansatzes mit x^m zu multiplizieren.

c) Der Ansatz für y_p vom Typ der rechten Seite ist die Linear=kombination aller in a) bzw. b) bestimmten Funktionen.

d) Dieser Ansatz wird genügend oft differenziert und in die in=homogene Dgl. eingesetzt. Man erhält so ein lineares Gleichungssystem zur Bestimmung der Ansatzkoeffizienten.

Beispiel 19.2.1: $y'' + 3y' + 2y = x + e^{2x}$

Lösung:

1) Bestimmung der allgemeinen Lösung y_h der homogenen Dgl., siehe Bsp. 19.1.1: Nullstellen des charakteristischen Polynoms: $\lambda_1 = -1$ einfache Nullstelle

$\lambda_2 = -2$ einfache Nullstelle

$y_h = C_1 e^{-x} + C_2 e^{-2x}$

2) Bestimmung einer partikulären Lösung y_p der inhomogenen Dgl. Die rechte Seite $r(x) = x + e^{2x}$ ist eine Linearkombina=tion von Funktionen aus Tabelle 19.1. Also ist $r(x)$ vom günstigen Typ.

Ansatz vom Typ der rechten Seite:

a) Nach Tabelle 19.1 gehören zu den einzelnen Funktionen x und e^{2x} der rechten Seite:
zu x der λ-Wert $\lambda = 0$ und der Satz von Funktionen $1, x$
zu e^{2x} der λ-Wert $\lambda = 2$ und die Funktion e^{2x}.

b) Der Wert $\lambda = 0$ ist keine Nullstelle des charakteristischen Polynoms (keine Resonanz für $\lambda = 0$).
Der Wert $\lambda = 2$ ist keine Nullstelle des charakteristischen Polynoms (keine Resonanz für $\lambda = 2$).

c) Der Ansatz vom Typ der rechten Seite lautet also
$y_p = A_1 + A_2 x + B e^{2x}$

d) Mit diesem Ansatz geht man in die inhomogene Dgl. Dazu muß man y_p' und y_p'' berechnen.

$y_p' = A_2 + 2B e^{2x}$

$y_p'' = + 4B e^{2x}$

Einsetzen in die inhomogene Dgl. $y'' + 3y' + 2y = x + e^{2x}$:

$4B e^{2x} + 3(A_2 + 2B e^{2x}) + 2(A_1 + A_2 x + B e^{2x}) = x + e^{2x}$

Ausmultiplizieren und Ordnen nach linear unabhängigen Funktionen:

$$(3A_2 + 2A_1) + (2A_2)x + (4B + 6B + 2B)\,e^{2x} = x + e^{2x} \Rightarrow$$

$$(2A_1 + 3A_2) + (2A_2)x + (12B)\,e^{2x} = x + e^{2x}$$

Koeffizientenvergleich:

$$\left.\begin{array}{lllll} 1 & : & 2A_1 + 3A_2 & & = 0 \\ x^1 & : & & 2A_2 & = 1 \\ e^{2x} & : & & 12B & = 1 \end{array}\right\} B = \frac{1}{12},\; A_2 = \frac{1}{2},\; A_1 = -\frac{3}{4}$$

Eine partikuläre Lösung der inhomogenen Dgl. lautet also

$$y_p = -\frac{3}{4} + \frac{1}{2}x + \frac{1}{12}e^{2x}$$

3) Die allgemeine Lösung der inhomogenen Dgl. lautet:

$$y = y_h + y_p = C_1 e^{-x} + C_2 e^{-2x} - \frac{3}{4} + \frac{1}{2}x + \frac{1}{12}e^{-2x} .$$

<u>Beispiel 19.2.2:</u> $y'' + 2y' + y = -\frac{1}{2}\sin 2x$

<u>Lösung:</u>

1) Bestimmung der allgemeinen Lösung y_h der homogenen Dgl., siehe Bsp. 19.1.2: Nullstellen des charakteristischen Polynoms:

$$\lambda_1 = \lambda_2 = -1 \quad \text{zweifache reelle Nullstelle}$$

$$y_h = C_1 e^{-x} + C_2 x e^{-x}$$

2) Bestimmung einer partikulären Lösung y_p der inhomogenen Dgl. Die rechte Seite $r(x) = -\frac{1}{2}\sin 2x$ ist eine Funktion aus Tabelle 19.1. Also ist $r(x)$ vom günstigen Typ.

Ansatz vom Typ der rechten Seite:

a) Nach Tabelle 19.1 gehört zur Funktion $\sin 2x$

das Paar konjugiert rein imaginärer λ-Werte $\begin{cases} \lambda = 2i \\ \bar{\lambda} = -2i \end{cases}$

und der Satz von Funktionen $\cos 2x$, $\sin 2x$.

b) Das Paar $\lambda = 2i$, $\bar{\lambda} = -2i$ ist nicht ein Paar konjugiert komplexer Nullstellen des charakteristischen Polynoms (keine Resonanz).

c) Der Ansatz vom Typ der rechten Seite lautet also

$$y_p = A\cos 2x + B\sin 2x .$$

d) Mit diesem Ansatz geht man in die inhomogene Dgl. Dazu muß man noch y_p' und y_p'' berechnen.

$y_p' = -2A \sin 2x + 2B \cos 2x$

$y_p'' = -4A \cos 2x - 4B \sin 2x$

Einsetzen in die inhomogene Dgl. $y'' + 2y' + y = -\frac{1}{2} \sin 2x$:

$-4A \cos 2x - 4B \sin 2x - 4A \sin 2x + 4B \cos 2x + A \cos 2x + B \sin 2x = -\frac{1}{2} \sin 2x$

Ordnen nach linear unabhängigen Funktionen:

$$(-3A + 4B)\cos 2x + (-4A - 3B)\sin 2x = -\frac{1}{2} \sin 2x$$

Koeffizientenvergleich:

$$\left.\begin{array}{ll} \cos 2x: & -3A + 4B = 0 \\ \sin 2x: & -4A - 3B = -\frac{1}{2} \end{array}\right\} \quad A = \frac{2}{25}, \quad B = \frac{3}{50}$$

Eine partikuläre Lösung der inhomogenen Dgl. lautet:

$$y_p = \frac{2}{25} \cos 2x + \frac{3}{50} \sin 2x$$

3) Die allgemeine Lösung der inhomogenen Dgl. lautet:

$$y = y_h + y_p = C_1 e^{-x} + C_2 x e^{-x} + \frac{2}{25} \cos 2x + \frac{3}{50} \sin 2x .$$

Beispiel 19.2.3: $y'' + 4y' + 13y = e^{-x} \cos 3x$

Lösung:

1) Bestimmung der allgemeinen Lösung y_h der homogenen Dgl., siehe Bsp. 19.1.3: Nullstellen des charakteristischen Polynoms: $\left.\begin{array}{l} \lambda_1 = -2 + 3i \\ \lambda_2 = -2 - 3i \end{array}\right\}$ Paar konjugiert komplexer einfacher N.

$$y_h = C_1 e^{-2x} \cos 3x + C_2 e^{-2x} \sin 3x$$

2) Bestimmung einer partikulären Lösung y_p der inhomogenen Dgl. Die rechte Seite $r(x) = e^{-x} \cos 3x$ ist Vielfaches einer Funktion aus der Tabelle 19.1. Also ist $r(x)$ vom günstigen Typ.

Ansatz vom Typ der rechten Seite:

a) Nach Tabelle 19.1 gehört zur Funktion $e^{-x} \cos 3x$ das Paar konjugiert komplexer λ-Werte $\left\{\begin{array}{l} \lambda = -1 + 3i \\ \bar{\lambda} = -1 - 3i \end{array}\right\}$ und der Satz von Funktionen $e^{-x} \cos 3x$, $e^{-x} \sin 3x$.

b) Das Paar $\lambda = -1 + 3i$, $\bar{\lambda} = -1 - 3i$ ist nicht ein Paar konjugiert komplexer Nullstellen des charakteristischen Polynoms (keine Resonanz).

c) Der Ansatz vom Typ der rechten Seite lautet also

$$y_p = A e^{-x} \cos 3x + B e^{-x} \sin 3x$$

d) Mit diesem Ansatz geht man in die inhomogene Dgl. Dazu muß man noch y_p' und y_p'' berechnen:

$y_p = e^{-x} (A \cos 3x + B \sin 3x)$

$y_p' = e^{-x} ((A+3B) \cos 3x + (-3A-B) \sin 3x)$

$y_p'' = e^{-x} ((-8A-6B) \cos 3x + (6A-8B) \sin 3x)$

Einsetzen in die inhomogene Dgl. $y'' + 4y' + 13y = e^{-x} \cos 3x$:

$e^{-x}((A+6B) \cos 3x + (-6A+B) \sin 3x) = e^{-x} \cos 3x$

Koeffizientenvergleich:

$$\left.\begin{array}{ll} e^{-x}\cos 3x: & A + 6B = 1 \\ e^{-x}\sin 3x: & -6A + B = 0 \end{array}\right\} \quad A = \frac{1}{37}, \quad B = \frac{6}{37}$$

Eine partikuläre Lösung der inhomogenen Dgl. lautet also

$$y_p = \frac{1}{37} \cos 3x + \frac{6}{37} \sin 3x$$

3) Die allgemeine Lösung der inhomogenen Dgl. lautet:

$$y = y_h + y_p = C_1 e^{-x} \cos 3x + C_2 e^{-x} \sin 3x + \frac{1}{37} \cos 3x + \frac{6}{37} \sin 3x$$

Beispiel 19.2.4: $y'' + 3y' + 2y = e^{-2x}$

Lösung:

1) Bestimmung der allgemeinen Lösung y_h der homogenen Dgl., siehe Bsp. 19.1.1: Nullstellen des charakteristischen Polynoms: $\lambda_1 = -1$ einfache N.

$\lambda_2 = -2$ einfache N.

$$y_h = C_1 e^{-x} + C_2 e^{-2x}$$

2) Bestimmung von y_p :

$r(x) = e^{-2x}$ ist eine Funktion aus Tabelle 19.1 , also vom günstigen Typ.

Ansatz vom Typ der rechten Seite:

a) Nach Tabelle 19.1 gehört zur Funktion e^{-2x} der λ-Wert $\lambda = -2$ und die Funktion e^{-2x}.

b) Der Wert $\lambda = -2$ ist einfache Nullstelle des charakteristischen Polynoms (einfache Resonanz).

c) Der Ansatz vom Typ der rechten Seite lautet also

$$y_p = x^1 \cdot A\, e^{-2x}$$

d) Ableiten und Einsetzen in die inhomogene Dgl.

$$y'' + 3y' + 2y = e^{-2x}:$$

$$y_p = A\,x\,e^{-2x}$$

$$y_p' = A\,e^{-2x} - 2A\,x\,e^{-2x}$$

$$y_p'' = -4A\,e^{-2x} + 4A\,x\,e^{-2x}$$

$$(-4A + 3A)e^{-2x} + \underbrace{(4A - 6A + 2A)}_{=0}\,x\,e^{-2x} = e^{-2x}$$

Koeffizientenvergleich: $-A = 1 \Rightarrow A = -1$

$$y_p = -x\,e^{-2x}$$

3) Die allgemeine Lösung der inhomogenen Dgl. lautet:

$$y = y_h + y_p = C_1\,e^{-x} + C_2\,e^{-2x} - x\,e^{-2x}$$

Beispiel 19.2.5: $y'' + 3y' + 2y = x + (1 + x^2)e^{-2x}$

Lösung:

1) Bestimmung der allgemeinen Lösung y_h der homogenen Dgl., siehe Bsp. 19.1.1: Nullstellen des charakteristischen Polynoms: $\lambda_1 = -1$ einfache N.

$\lambda_2 = -2$ einfache N.

$$y_h = C_1\,e^{-x} + C_2\,e^{-2x}$$

2) Bestimmung von y_p:

$r(x) = x + (1 + x^2)e^{-2x}$ ist eine Linearkombination von Funktionen aus Tabelle 19.1, also vom günstigen Typ.

Ansatz vom Typ der rechten Seite:

a) Nach Tabelle 19.1 gehören zu den Funktionen der rechten Seite folgende λ-Werte:
zu x der λ-Wert $\lambda = 0$ und der Satz von Funktionen 1, x,
zu $1 \cdot e^{-2x}$ und $x^2 \cdot e^{-2x}$ gehört der λ-Wert $\lambda = -2$ und der Satz von Funktionen e^{-2x}, $x\,e^{-2x}$, $x^2 e^{-2x}$

b) Der Wert $\lambda = 0$ ist keine Nullstelle des charakteristischen Polynoms (keine Resonanz für $\lambda = 0$)
Der Wert $\lambda = -2$ ist einfache Nullstelle des charakteristischen Polynoms (einfache Resonanz für $\lambda = -2$).

c) Der Ansatz vom Typ der rechten Seite lautet also

$$y_p = (A_1 \cdot 1 + A_2 x) + x^1 \cdot (B_1 e^{-2x} + B_2 x\, e^{-2x} + B_3 x^2 e^{-2x})$$

d) Ableiten von y_p:

$$y_p = A_1 + A_2 x + (B_1 x + B_2 x^2 + B_3 x^3) e^{-2x}$$

$$y_p' = A_2 + (B_1 + 2B_2 x + 3B_3 x^2) e^{-2x} - 2(B_1 x + B_2 x^2 + B_3 x^3) e^{-2x}$$

$$= A_2 + (B_1 + (2B_2 - 2B_1) x + (3B_3 - 2B_2) x^2 - 2B_3 x^3) e^{-2x}$$

$$y_p'' = (2(B_2 - B_1) + (6B_3 - 4B_2) x - 6B_3 x^2) e^{-2x} -$$
$$-2(B_1 + 2(B_2 - B_1) x + (3B_3 - 2B_2) x^2 - 2B_3 x^3) e^{-2x} =$$
$$= ((2B_2 - 4B_1) + (6B_3 - 8B_2 + 4B_1) x + (-12B_3 + 4B_2) x^2 + 4B_3 x^3) e^{-2x}$$

Einsetzen in $y'' + 3y' + 2y = x + (1 + x^2) e^{-2x}$:

$$3A_2 + 2A_1 + 2A_2 x + e^{-2x}((2B_2 - 4B_1 + 3B_1) + (6B_3 - 8B_2 + 4B_1 + 6B_2 - 6B_1 + 2B_1) x +$$
$$+ (-12B_3 + 4B_2 + 9B_3 - 6B_2 + 2B_2) x^2 + (4B_3 - 6B_3 + 2B_3) x^3 = x + e^{-2x} + x^2 e^{-2x}$$

Koeffizientenvergleich:

$$\left.\begin{array}{lllll}
1 & : & 2A_1 + 3A_2 & & = 0 \\
x & : & 2A_2 & & = 1 \\
e^{-2x} & : & & -B_1 + 2B_2 & = 1 \\
x\,e^{-2x} & : & & -2B_2 + 6B_3 & = 0 \\
x^2 e^{-2x} & : & & -3B_3 & = 1 \\
x^3 e^{-2x} & : & & 0 & = 0
\end{array}\right\} \Longrightarrow$$

$$B_3 = -\frac{1}{3}, \quad B_2 = -1, \quad B_1 = -3, \quad A_2 = \frac{1}{2}, \quad A_1 = -\frac{3}{4}$$

$$y_p = -\frac{3}{4} + \frac{1}{2} x + (-3x - x^2 - \frac{1}{3} x^3) e^{-2x}$$

3) Allgemeine Lösung der inhomogenen Dgl.:

$$y = y_h + y_p = C_1 e^{-x} + C_2 e^{-2x} - \frac{3}{4} + \frac{1}{2} x + (-3x - x^2 - \frac{1}{3} x^3) e^{-2x} .$$

<u>Beispiel 19.2.6:</u> $y'' + y = \cos x$

<u>Lösung:</u>

1) Bestimmung der allgemeinen Lösung y_h der homogenen Dgl.

$y'' + y = 0$

Charakteristisches Polynom:

$\lambda^2 + 1 = 0 \qquad \lambda_1 = i\,, \ \lambda_2 = \bar{\lambda}_1 = -i$ ein Paar konjugierter rein imaginärer einfacher N.

Nach Tabelle 19.1 gehören dazu die beiden Lösungen: $\cos x$, $\sin x$.

Allgemeine Lösung der homogenen Dgl.:

$$y_h = C_1 \cos x + C_2 \sin x$$

2) Bestimmung einer partikulären Lösung y_p der inhomogenen Dgl..
Die rechte Seite $r(x) = \cos x$ ist eine Funktion aus Tabelle 19.1, also vom günstigen Typ.

Ansatz vom Typ der rechten Seite:

a) Nach Tabelle 19.1 gehört zu $r(x) = \cos x$ das Paar $\lambda = i$, $\bar{\lambda} = -i$ und der Satz von Funktionen $\cos x, \sin x$.

b) Das Paar $\lambda = i$, $\bar{\lambda} = -i$ ist ein Paar einfacher Nullstellen des charakteristischen Polynoms (einfache Resonanz).

c) Der Ansatz vom Typ der rechten Seite lautet also

$$y_p = x^1 \cdot (A \cos x + B \sin x)$$

d) Ableiten von y_p:

$$y_p = A x \cos x + B x \sin x$$
$$y_p' = (A + B x)\cos x + (B - A x)\sin x$$
$$y_p'' = (2B - A x)\cos x + (-2A - B x)\sin x$$

Einsetzen in die inhomogene Dgl. $y'' + y = \cos x$:

$$(2B - A x + A x)\cos x + (-2A - B x + B x)\sin x = \cos x$$

Koeffizientenvergleich:

$$\left.\begin{array}{lrcl} \cos x & : & 2B & = 1 \\ x\cos x & : & 0 & = 0 \\ \sin x & : -2A & & = 0 \\ x \sin x & : & 0 & = 0 \end{array}\right\} \quad A = 0, \qquad B = \frac{1}{2}$$

$$y_p = \frac{1}{2} x \sin x$$

3) Allgemeine Lösung der inhomogenen Dgl.:

$$y = y_h + y_p = C_1 \cos x + C_2 \sin x + \frac{1}{2} x \sin x .$$

Beispiel 19.2.7: $y'' + 2y' + y = 6x e^{-\alpha x}$

Lösung:

1) Bestimmung der allgemeinen Lösung y_h der homogenen Dgl.:
siehe Bsp. 19.1.2: Nullstellen des charakteristischen Polynoms $\lambda_1 = \lambda_2 = -1$ zweifache reelle N.

$$y_h = C_1 e^{-x} + C_2 x e^{-x}$$

2) Bestimmung von y_p :

$r(x) = 6x\,e^{-\alpha x}$ ist ein Vielfaches einer Funktion aus der Tabelle 19.1 , also vom günstigen Typ.

Ansatz vom Typ der rechten Seite:

a) Nach Tabelle 19.1 gehört zur Funktion $x\,e^{-\alpha x}$ der λ-Wert $\lambda = -\alpha$ und der Satz von Funktionen $e^{-\alpha x}$, $x\,e^{-\alpha x}$.

b) Der Wert $\lambda = -\alpha$ ist
im Falle $\alpha \neq 1$ keine Nullstelle des charakteristischen Polynoms (keine Resonanz) .
im Falle $\alpha = 1$ zweifache reelle Nullstelle des charakteri= stischen Polynoms (zweifache Resonanz).

c) Der Ansatz vom Typ der rechten Seite lautet also
im Falle $\alpha \neq 1$: $y_p = A_1 e^{-\alpha x} + A_2 x\,e^{-\alpha x}$
im Falle $\alpha = 1$: $y_p = x^2 (A_1 e^{-x} + A_2 x\,e^{-x})$

d) Ableiten und Einsetzen in die inhomogene Dgl.

$$y'' + 2y' + y = 6x\,e^{-\alpha x}$$

im Falle $\alpha \neq 1$: $y_p = A_1 e^{-\alpha x} + A_2 x\,e^{-\alpha x}$

$$y_p' = (-\alpha A_1 + A_2)e^{-\alpha x} - \alpha A_2 x\,e^{-\alpha x}$$

$$y_p'' = (\alpha^2 A_1 - 2\alpha A_2)e^{-\alpha x} + \alpha^2 A_2 x\,e^{-\alpha x}$$

$$(\alpha^2 A_1 - 2\alpha A_2 - 2\alpha A_1 + 2A_2 + A_1)e^{-\alpha x} + (\alpha^2 A_2 - 2\alpha A_2 + A_2)x\,e^{-\alpha x} = 6x\,e^{-\alpha x}$$

Koeffizientenvergleich:

$$\left.\begin{array}{ll} e^{-\alpha x} : & (\alpha-1)^2 A_1 - 2(\alpha-1) A_2 = 0 \\ x\,e^{-\alpha x} : & (\alpha-1)^2 A_2 = 6 \end{array}\right\} \Longrightarrow$$

$$A_2 = \frac{6}{(\alpha-1)^2}, \quad A_1 = \frac{12}{(\alpha-1)^3}$$

$$y_p = \frac{12}{(\alpha-1)^3} e^{-\alpha x} + \frac{6}{(\alpha-1)^2} x\,e^{-\alpha x}$$

im Falle $\alpha = 1$: $y_p = A_1 x^2 e^{-x} + A_2 x^3 e^{-x}$

$$y_p' = 2A_1 x\,e^{-x} + (-A_1 + 3A_2)x^2 e^{-x} - A_2 x^3 e^{-x}$$

$$y_p'' = 2A_1 e^{-x} + (-4A_1 + 6A_2)x\,e^{-x} + (A_1 - 6A_2)x^2 e^{-x} + A_2 x^3 e^{-x}$$

$$2A_1 e^{-x} + (-4A_1 + 6A_2 + 4A_1) x e^{-x} +$$
$$+ (A_1 - 6A_2 - 2A_1 + 6A_2 + A_1) x^2 e^{-x} +$$
$$+ (A_2 - 2A_2 + A_2) x^3 e^{-x} = 6x e^{-x}$$

Koeffizientenvergleich:

$$\left.\begin{array}{lllll} e^{-x} & : & 2A_1 & & = 0 \\ x e^{-x} & : & & 6A_2 & = 6 \\ x^2 e^{-x} & : & & 0 & = 0 \\ x^3 e^{-x} & : & & 0 & = 0 \end{array}\right\} \Rightarrow A_1 = 0, \quad A_2 = 1$$

$$y_p = x^3 e^{-x}$$

3) Allgemeine Lösungen der inhomogenen Dgl:

im Falle $\alpha \neq 1$:

$$y = y_h + y_p = C_1 e^{-x} + C_2 x e^{-x} + \frac{12}{(\alpha - 1)^3} e^{-\alpha x} + \frac{6}{(\alpha - 1)^2} x e^{-\alpha x}$$

im Falle $\alpha = 1$:

$$y = y_h + y_p = C_1 e^{-x} + C_2 x e^{-x} + x^3 e^{-x}.$$

Beispiel 19.2.8: $y^{IV} - y''' - 3y'' + 5y' - 2y = e^x$

Lösung:

1) Bestimmung der allgemeinen Lösung y_h der homogenen Dgl.

$$y^{IV} - y''' - 3y'' + 5y' - 2y = 0$$

Charakteristisches Polynom

$$P(\lambda) = \lambda^4 - \lambda^3 - 3\lambda^2 + 5\lambda - 2 = 0$$

Nullstellen: Probieren mit ganzzahligen Teilern von $a_0 = -2$: ± 1, ± 2

Hornerschema:

	1	-1	-3	5	-2
1	0	1	0	-3	2
	1	0	-3	2	0 = P(1)

Also ist $\lambda_1 = 1$ Nullstelle und damit gilt

$$P(\lambda) = (\lambda - 1)(\lambda^3 - 3\lambda + 2)$$

Nullstellen des Polynoms $Q(\lambda) = \lambda^3 - 3\lambda + 2$:

Probieren mit ganzzahligen Teilern von $+2$, d.i. ± 1, ± 2.

Hornerschema:

	1	0	-3	2
1	0	1	1	-2
	1	1	-2	0 = Q(1)

Also ist $\lambda_2 = 1$ Nullstelle und damit gilt

$$P(\lambda) = (\lambda - 1)^2(\lambda^2 + \lambda - 2)$$

Nullstellen von $\lambda^2 + \lambda - 2$

$$\lambda_{3,4} = -\frac{1}{2} + \sqrt{\frac{1}{4} + \frac{8}{4}} = -\frac{1}{2} \pm \frac{3}{2} \Rightarrow \lambda_3 = 1, \quad \lambda_4 = -2$$

Zusammenfassung: Die Nullstellen des charakteristischen Polynoms lauten also: $\lambda_1 = \lambda_2 = \lambda_3 = 1$ dreifache reelle N.

$\lambda_4 = -2$ einfache reelle N.

Aus Tabelle 19.1 folgt:

$$y_h = C_1 e^x + C_2 x e^x + C_3 x^2 e^x + C_4 e^{-2x}$$

2) Bestimmung einer partikulären Lösung y_p der inhomogenen Dgl.: Die rechte Seite $r(x) = e^x$ ist eine Funktion aus Tabelle 19.1, also vom günstigen Typ.

Ansatz vom Typ der rechten Seite:

a) Nach Tabelle 19.1 gehört zur Funktion e^x der λ-Wert $\lambda = 1$ und nur die Funktion e^x.

b) Der λ-Wert $\lambda = 1$ ist dreifache Nullstelle des charakteristischen Polynoms (dreifache Resonanz).

c) Der Ansatz vom Typ der rechten Seite lautet also:

$$y_p = x^3 \cdot A e^x$$

d) Ableiten und Einsetzen in $y^{IV} - y''' - 3y'' + 5y' - 2y = e^x$

$$y_p = A x^3 \cdot e^x$$
$$y_p' = (3A x^2 + A x^3)e^x$$
$$y_p'' = (6A x + 6A x^2 + A x^3)e^x$$
$$y_p''' = (6A + 18A x + 9A x^2 + A x^3)e^x$$
$$y^{IV} = (24A + 36A x + 12A x^2 + A x^3)e^x$$

$$e^x((24A - 6A) + (36A - 18A - 18A)x + (12A - 9A - 18A + 15A)x^2 + \\ + (A - A - 3A + 5A - 2A)x^3) = e^x$$

Koeffizientenvergleich:

$$\left.\begin{array}{lrl} e^x & : 18A & = 1 \\ x\,e^x & : 0 & = 0 \\ x^2 e^x & : 0 & = 0 \\ x^3 e^x & : 0 & = 0 \end{array}\right\} \Rightarrow A = \frac{1}{18}$$

$$y_p = \frac{1}{18}\, x^3\, e^x$$

3) Allgemeine Lösung der inhomogenen Dgl.:

$$y = y_h + y_p = C_1 e^x + C_2\, x\, e^x + C_3\, x^2 e^x + \frac{1}{18}\, x^3 e^x$$

Bemerkung 1: Bei rechten Seiten, die nicht Funktionen(bzw. Linearkombinationen von Funktionen) von Tabelle 19.1 sind, wie beispielsweise $r(x) = x^{-2}$ oder $r(x) = x^{-1}e^{-2x}$ oder $r(x) = \frac{1}{\cos x}$ oder $r(x) = x \ln x$ oder ... kann man y_p nicht durch einen Ansatz vom Typ der rechten Seite ermitteln, hier muß man mit der Methode der Variation der Konstanten arbeiten.

Bemerkung 2: Manchen rechten Seiten r(x) kann man nicht unmittel= bar ansehen, daß sie Linearkombinationen von Funktionen aus Tabelle 19.1 sind. Typische Fälle sind etwa:

α) $r(x) = 2\sin^2 x$
Trigonometrische Umformung ("doppelter Winkel") führt auf $r(x) = 2\sin^2 x = 1 - \cos 2x$, also auf eine rechte Seite vom günstigen Typ. (Bronstein S. 156 ff.)

ß) $r(x) = \text{Sinh}\, x$
Dies kann man umschreiben als
$r(x) = \text{Sinh}\, x = \frac{1}{2}(e^x - e^{-x})$. (Bronstein S. 165)

Beispiel 19.2.9: $y''' - 3y' - 2y = 2\,\text{Cosh}\, 2x$

Lösung:

1) Bestimmung der allgemeinen Lösung y_h der homogenen Dgl.

$$y''' - 3y' - 2y = 0$$

Charakteristisches Polynom:

$$P(\lambda) = \lambda^3 - 3\lambda - 2 = 0$$

Nullstellen: Probieren mit ganzzahligen Teilern von -2 :
$\pm 1, \pm 2$.

Hornerschema:

	1	0	-3	-2
-1	0	-1	1	2
	1	-1	-2	0 = P(-1)

Also ist $\lambda_1 = -1$ Nullstelle und damit gilt

$$P(\lambda) = (\lambda + 1)(\lambda^2 - \lambda - 2)$$

Nullstellen von $\lambda^2 - \lambda - 2$:

$$\lambda_{2,3} = + \frac{1}{2} \pm \sqrt{\frac{1}{4} + \frac{8}{4}} = + \frac{1}{2} \pm \frac{3}{2} \qquad \lambda_2 = -1 , \quad \lambda_3 = 2$$

Zusammenfassung: Die Nullstellen des charakteristischen Polynoms lauten also: $\lambda_1 = \lambda_2 = -1$ zweifache reelle N.

$\lambda_3 = 2$ einfache reelle N.

Aus Tabelle 19.1 folgt: $y_h = C_1 e^{-x} + C_2 x e^{-x} + C_3 e^{2x}$

2) Bestimmung einer partikulären Lösung y_p der inhomogenen Dgl.:

$$y''' - 3y' - 2y = 2 \operatorname{Cosh} 2x .$$

Die Funktion Cosh 2x steht nicht in Tabelle 19.1. Man kann sie jedoch so umformen, daß sie eine Linearkombination von Funktionen aus Tabelle 19.1 wird: $r(x) = 2 \operatorname{Cosh} 2x = e^{2x} + e^{-2x}$. $r(x)$ ist also (verkappt) eine Linearkombination von Funktio= nen aus Tabelle 19.1, also vom günstigen Typ.

Ansatz vom Typ der rechten Seite:

a) Nach Tabelle 19.1 gehört zur Funktion
e^{2x} der λ-Wert $\lambda = 2$ und nur die Funktion e^{2x},
e^{-2x} der λ-Wert $\lambda = -2$ und nur die Funktion e^{-2x}.

b) Der λ-Wert $\lambda = 2$ ist einfache Nullstelle des charakteristischen Polynoms (einfache Resonanz für $\lambda = 2$).
Der λ-Wert $\lambda = -2$ ist keine Nullstelle des charakteristischen Polynoms (keine Resonanz für $\lambda = -2$).

c) Der Ansatz vom Typ der rechten Seite lautet also:

$$y_p = x^1 \cdot (A e^{2x}) + B e^{-2x} .$$

d) Ableiten und Einsetzen in $y''' - 3y' - 2y = e^{2x} + e^{-2x}$:

$$y_p = A x e^{2x} + B e^{-2x}$$

$$y_p' = A e^{2x} + 2A x e^{2x} - 2B e^{-2x}$$

$$y_p'' = 4A e^{2x} + 4A x e^{2x} + 4B e^{-2x}$$

$$y_p''' = 12A e^{2x} + 8A x e^{2x} - 8B e^{-2x}$$

$$e^{2x}((12A-3A)+(8A-6A-2A)x)+e^{-2x}(-8B+6B-2B) = e^{2x}+e^{-2x}$$

Koeffizientenvergleich:

$$\left.\begin{array}{lcl} e^{2x}: & 9A & = 1 \\ x\,e^{2x}: & 0 & = 0 \\ e^{-2x}: & -4B & = 1 \end{array}\right\} \Rightarrow \quad A = \frac{1}{9}\,, \quad B = -\frac{1}{4}$$

$$y_p = \frac{1}{9}\,x\,e^{2x} - \frac{1}{4}\,e^{-2x}$$

3) Allgemeine Lösung der inhomogenen Dgl.:

$$y = y_h + y_p = C_1\cdot e^{-x} + C_2\cdot x\,e^{-x} + C_3\cdot e^{2x} + \frac{1}{9}x\,e^{2x} - \frac{1}{4}e^{-2x}.$$

Bemerkung 3: Ist die rechte Seite Summe von mehreren Funktionen $r(x) = r_1(x) + r_2(x) + \ldots + r_n(x)$, so kann man zu jeder rechten Seite $r_i(x)$ getrennt eine partikuläre Lösung y_{pi} bestimmen. Eine partikuläre Lösung y_p der Dgl. mit der gesamten rechten Seite $r(x)$ ist dann die Summe

$$y_p = y_{p1} + y_{p2} + \ldots + y_{pn}.$$

Eine partikuläre Lösung der Dgl. $y''' - 3y' - 2y = e^{2x} + e^{-2x}$ aus dem vorigen Beispiel kann man auf diese Weise gewinnen. Man bestimmt getrennt jeweils eine partikuläre Lösung

y_{p1} der Dgl. $y''' - 3y' - 2y = r_1(x) = e^{2x}$ und

y_{p2} der Dgl. $y''' - 3y' - 2y = r_2(x) = e^{-2x}$.

Man erhält die Lösungen $y_{p1} = \frac{1}{9}x\,e^{2x}$ und $y_{p2} = -\frac{1}{4}e^{-2x}$.

Eine partikuläre Lösung der Dgl.

$y''' - 3y' - 2y = r_1(x) + r_2(x) = e^{2x} + e^{-2x}$

lautet dann $y_p = y_{p1} + y_{p2} = \frac{1}{9}\,x\,e^{2x} - \frac{1}{4}\,e^{-2x}$.

Weitere Beispiele sind: Beispiel 19.2.1 , 19.2.5

19.3 Anfangswertprobleme

Oft sucht man für eine Dgl. eine spezielle Lösung $y(x)$, die an einer bestimmten Stelle x_o einen vorgegebenen Wert und vorgegebene Ableitungswerte annimmt. Bei einer Dgl. n-ter Ordnung sind im allgemeinen die n Anfangsbedingungen $y(x_o) = y_o$, $y'(x_o) = y_o'$, $y''(x_o) = y_o''$, ..., $y^{(n)}(x_o) = y_o^{(n)}$ vorgegeben. Zur Ermittlung einer solchen speziellen Lösung bestimmt man zunächst die allgemeine Lösung der Dgl.. Diese allgemeine Lösung ist entsprechend oft zu differenzieren und in die Anfangsbedingungen einzusetzen. Man erhält so ein Gleichungssystem für die unbekannten Keffizienten der allgemeinen Lösung. (Für die meisten Typen von Dgln. gibt es genau eine Lösung des Anfangswertproblems, Satz von Picard-Lindelöf.)

Beispiel 19.3.1: Man bestimme die Lösung der Dgl. $y'' + 3y' + 2y = 0$, die den Anfangsbedingungen $y(-1) = e^2$ und $y'(-1) = 0$ genügt.

Lösung: Bestimmung der allgemeinen Lösung der Dgl. $y'' + 3y' + 2y = 0$ siehe Beispiel 19.1.1: $y = C_1 e^{-x} + C_2 e^{-2x}$

Anpassen der allgemeinen Lösung an die Anfangsbedingungen $y(-1) = e^2$ und $y'(-1) = 0$

Man benötigt noch y': $y' = -C_1 e^{-x} - 2C_2 e^{-2x}$

Einsetzen in die Anfangsbedingungen:

$$\left.\begin{array}{l} y(-1) = e^2 \Rightarrow C_1 e^1 + C_2 e^2 = e^2 \\ y'(-1) = 0 \Rightarrow -C_1 e^1 - 2C_2 e^2 = 0 \end{array}\right\} \Rightarrow C_2 = -1 \; , \quad C_1 = 2e$$

Die Lösung der Dgl., die den Anfangsbedingungen genügt, lautet also:

$$y = 2e \cdot e^{-x} - 1 \cdot e^{-2x}.$$

Beispiel 19.3.2: Man bestimme die Lösung der Dgl. $y''' - 3y' - 2y = 2 \operatorname{Cosh} 2x$, die den Anfangsbedingungen $y(0) = \frac{3}{4}$, $y'(0) = \frac{11}{18}$, $y''(0) = \frac{4}{9}$ genügt.

Lösung: Bestimmung der allgemeinen Lösung der Dgl.: siehe Beispiel 19.2.9:

$$y = C_1 e^{-x} + C_2 x e^{-x} + C_3 e^{2x} + \frac{1}{9} x e^{2x} - \frac{1}{4} e^{-2x}$$

Anpassen der allgemeinen Lösung an die Anfangsbedingungen: Man benötigt noch y' und y'':

$$y' = -C_1 e^{-x} + C_2(1-x)e^{-x} + 2C_3 e^{2x} + \frac{1}{9} e^{2x} + \frac{2}{9} x e^{2x} + \frac{1}{2} e^{-2x}$$

$$y'' = +C_1 e^{-x} + C_2(-2+x)e^{-x} + 4C_3 e^{2x} + \frac{4}{9} e^{2x} + \frac{4}{9} x e^{2x} - e^{-2x}$$

Einsetzen in die Anfangsbedingungen:

$$\left.\begin{array}{l} y(0) = \frac{3}{4} \Rightarrow C_1 + C_3 - \frac{1}{4} = \frac{3}{4} \\ y'(0) = \frac{11}{18} \Rightarrow -C_1 + C_2 + 2C_3 + \frac{1}{9} + \frac{1}{2} = \frac{11}{18} \\ y''(0) = \frac{4}{9} \Rightarrow C_1 - 2C_2 + 4C_3 + \frac{4}{9} - 1 = \frac{4}{9} \end{array}\right\} \Rightarrow$$

$$\begin{array}{l} C_1 + C_3 = 1 \\ -C_1 + C_2 + 2C_3 = 0 \\ C_1 - 2C_2 + 4C_3 = 1 \end{array}$$

Lösung dieses Gleichungssystems (Gauß-Elimination):

1	0	1	1
-1	1	2	0
1	-2	4	1

1	0	1	1
	1	3	1
	-2	3	0

1	0	1	1
	1	3	1
		9	2

$\Longrightarrow C_3 = \frac{2}{9}, \quad C_2 = \frac{1}{3}, \quad C_1 = \frac{7}{9}.$

Die Lösung der Dgl. , die den Anfangsbedingungen genügt, lautet also:

$$y = \frac{7}{9}e^{-x} + \frac{1}{3}x\,e^{-x} + \frac{2}{9}e^{2x} + \frac{1}{9}x\,e^{2x} - \frac{1}{4}e^{-2x}$$

Aufgaben: 19.1 - 19.11

20. Euler'sche Differentialgleichung

Eine Euler'sche Dgl. hat die Gestalt

$$a_n x^n y^{(n)} + a_{n-1} x^{n-1} y^{(n-1)} + \ldots + a_1 x y' + a_o y = r(x)$$

Durch die Variablentransformation $x = e^t$ überführt man die Euler'sche Dgl. in eine lineare Dgl. mit konstanten Koeffizienten.

Umrechnungsformeln:

$$x = e^t, \; t = \ln x$$

$$y = y$$

$$x y' = \dot{y}$$

$$x^2 y'' = \ddot{y} - \dot{y}$$

$$x^3 y''' = \dddot{y} - 3\ddot{y} + 2\dot{y}$$

$$x^4 y^{IV} = \ddddot{y} - 6\dddot{y} + 11\ddot{y} - 6\dot{y}$$

$$x^5 y^{V} = \overset{5\cdot}{y} - 10\ddddot{y} + 35\dddot{y} - 50\ddot{y} + 24\dot{y}$$

(allgemein:

$$x^n y^{(n)} = \left(\frac{d}{dt} - (n-1)\right)\cdot\left(\frac{d}{dt} - (n-2)\right)\cdot \ldots \cdot\left(\frac{d}{dt} - 1\right)\cdot\frac{d}{dt}\, y$$

Man bestimmt die Lösung dieser transformierten Dgl. in t nach den Methoden aus Kapitel 19, Rücktransformation $t = \ln x$ liefert die Lösung der ursprünglichen Dgl. in x.

Beispiel 20.1: Man bestimme die allgemeine Lösung der Dgl.

$$x^2 y'' + 4x y' + 2y = \frac{1}{x^2}$$

und diejenige Lösung, die den Anfangsbedingungen $y(1) = 1$ und $y'(1) = 0$ genügt.

Lösung: Es liegt eine Euler'sche Dgl. vor. Variablentransformation $x = e^t$, Umrechnen der Dgl. mit den angegebenen Formeln:

$$(\ddot{y} - \dot{y}) + 4\dot{y} + 2y = \frac{1}{(e^t)^2} \implies$$

$$\ddot{y} + 3\dot{y} + 2y = e^{-2t}$$

Dies ist eine lineare Dgl. mit konstanten Koeffizienten. Bestimmung der allgemeinen Lösung der transformierten Dgl.: Siehe Beispiel 19.2.4: $y = C_1 e^{-t} + C_2 e^{-2t} - t\, e^{-2t}$

Rücktransformation $t = \ln x$:

$$y = C_1 \frac{1}{x} + C_2 \frac{1}{x^2} - \frac{\ln x}{x^2}$$

Dies ist die allgemeine Lösung der ursprünglichen Dgl. Zur Bestimmung derjenigen Lösung, die den Anfangsbedingungen $y(1) = 1$, $y'(1) = 0$ genügt, benötigt man noch

$$y' = -C_1 \frac{1}{x^2} - 2C_2 \frac{1}{x^3} - \frac{1}{x^3} + 2\frac{\ln x}{x^3}$$

$$\left.\begin{array}{l} y(1) = 1 \Longrightarrow C_1 + C_2 = 1 \\ y'(1) = 0 \Longrightarrow -C_1 - 2C_2 - 1 = 0 \end{array}\right\} \quad C_2 = -2, \quad C_1 = 3$$

Die Lösung der Dgl., die den Anfangsbedingungen genügt, lautet also

$$y = \frac{3}{x} - \frac{2}{x^2} - \frac{\ln x}{x^2}$$

Beispiel 20.2: Man löse die Dgl. $x^3y''' + 2xy' - 2y = x^2 \ln x + 3x$

Lösung: Es liegt eine Euler'sche Dgl. vor.
Variablentransformation $x = e^t$, Umrechnen der Dgl. mit den angegebenen Formeln:

$$(\dddot{y} - 3\ddot{y} + 2\dot{y}) + 2\dot{y} - 2y = t\,e^{2t} + 3e^t \Longrightarrow$$

$$\dddot{y} - 3\ddot{y} + 4\dot{y} \quad - 2y = t\,e^{2t} + 3e^t$$

Dies ist eine inhomogene lineare Dgl. mit konstanten Koeffizienten.

1) Bestimmung der allgemeinen Lösung y_h der homogenen transformierten Dgl. $\dddot{y} - 3\ddot{y} + 4\dot{y} - 2y = 0$
Charakteristisches Polynom

$$P(\lambda) = \lambda^3 - 3\lambda^2 + 4\lambda - 2 = 0$$

Nullstellen: Probieren mit ganzzahligen Teilern von -2 :
± 1, ± 2

Hornerschema:

	1	-3	4	-2
+1	0	1	-2	2
	1	-2	2	0 = P(1)

$\lambda_1 = 1$ ist Nullstelle und damit gilt:

$$P(\lambda) = (\lambda - 1)(\lambda^2 - 2\lambda + 2)$$

Nullstellen von $\lambda^2 - 2\lambda + 2$: $\lambda_{2,3} = +1 \pm \sqrt{1-2}$

$\lambda_2 = 1 + i \, , \; \lambda_3 = 1 - i$

Zusammenfassung: Die Nullstellen des charakteristischen Polynoms lauten also: $\lambda_1 = 1$ einfache reelle N.

$\left.\begin{array}{l}\lambda_2 = 1 + i \\ \lambda_3 = 1 - i\end{array}\right\}$ Paar konjugiert komplexer einfacher N.

Aus Tabelle 19.1 folgt: $y_h = C_1 e^t + C_2 e^t \cos t + C_3 e^t \sin t$.

2) Bestimmung einer partikulären Lösung y_p der inhomogenen transformierten Dgl.

$$\dddot{y} - 3\ddot{y} + 4\dot{y} - 2y = t\,e^{2t} + 3e^t$$

Die rechte Seite s(t) ist eine Linearkombination von Funktionen aus Tabelle 19.1, also vom günstigen Typ.

Ansatz vom Typ der rechten Seite:

a) Nach Tabelle 19.1 gehört zur Funktion
$t\,e^{2t}$ der λ-Wert $\lambda = 2$ und Satz von Funktionen e^{2t}, $t\,e^{2t}$,
e^t der λ-Wert $\lambda = 1$ und die Funktion e^t.

b) Der λ-Wert $\lambda = 2$ ist keine Nullstelle des charakteristischen Polynoms (keine Resonanz für $\lambda = 2$).
Der λ-Wert $\lambda = 1$ ist eine einfache Nullstelle des charakteristischen Polynoms (einfache Resonanz für $\lambda = 1$).

c) Der Ansatz vom Typ der rechten Seite lautet also:

$$y_p = A\,e^{2t} + B\,t\,e^{2t} + t \cdot C\,e^t$$

d) Ableiten:

$$\begin{aligned}
y_p &= A\,e^{2t} + B\,t\,e^{2t} + C\,t\,e^t \\
\dot{y}_p &= (2A + B)e^{2t} + 2B\,t\,e^{2t} + C\,e^t + C\,t\,e^t \\
\ddot{y}_p &= (4A + 4B)e^{2t} + 4B\,t\,e^{2t} + 2C\,e^t + C\,t\,e^t \\
\dddot{y}_p &= (8A + 12B)e^{2t} + 8B\,t\,e^{2t} + 3C\,e^t + C\,t\,e^t
\end{aligned}$$

Einsetzen in die inhomogene transformierte Dgl.:

$$(8A + 12B - 12A - 12B + 8A + 4B - 2A)e^{2t} + (8B - 12B + 8B - 2B)t\,e^{2t} +$$
$$+ (3C - 6C + 4C)e^t + (C - 3C + 4C - 2C)t\,e^t = t\,e^{2t} + 3e^t$$

Koeffizientenvergleich:

$$\left.\begin{array}{ll} e^{2t}: & 2A + 4B = 0 \\ t\,e^{2t}: & 2B = 1 \\ e^{t}: & C = 3 \\ t\,e^{t}: & 0 = 0 \end{array}\right\} \Rightarrow C = 3, \quad B = \frac{1}{2}, \quad A = -1$$

$$y_p = -e^{2t} + \frac{1}{2}\,t\,e^{2t} + 3t\,e^{t}$$

3) Die allgemeine Lösung der inhomogenen transformierten Dgl.:

$$y = y_h + y_p = C_1 e^{t} + C_2 e^{t}\cos t + C_3 e^{t}\sin t - e^{2t} + \frac{1}{2}\,t\,e^{2t} + 3t\,e^{t}$$

4) Rücktransformation $t = \ln x$:

$$y = C_1 x + C_2 x\cos(\ln x) + C_3 x\sin(\ln x) - x^2 + \frac{1}{2}x^2\cdot\ln x + 3x\cdot\ln x \,.$$

Aufgaben: 20.1 - 20.5

21. Lineare Differentialgleichungen und Variation der Konstanten

21.1 Lineare Differentialgleichungen

Eine lineare Dgl. n-ter Ordnung hat die Gestalt

$$a_n(x)\,y^{(n)} + a_{n-1}(x)\,y^{(n-1)} + \ \dots + a_1(x)\,y' + a_o(x)\,y = r(x)$$

Bemerkung: 1. Spezialfall: Die lineare Dgl. mit konstanten Koeffizienten. Bei ihr sind die $a_i(x) = a_i$ konstant. (Siehe Kapitel 19.)

2. Spezialfall: Die Euler'sche Dgl. Bei ihr haben die Koeffizientenfunktionen die Gestalt

$$a_n(x) = b_n x^n \ , \ a_{n-1}(x) = b_{n-1}x^{n-1} \ , \dots , \ a_1(x) = b_1 x \ ,$$
$$a_o(x) = b_o$$ (Siehe Kapitel 20.)

Für diese beiden Spezialfälle kann man die allgemeine Lösung y_h der zugehörigen homogenen Dgl. mit den angegebenen Methoden bestimmen.

Für lineare Dgln., die weder lineare Dgln. mit konstanten Koeffizienten sind, noch Euler'sche Dgln. sind, noch eine der in Kapitel 26 behandelten spezielle Dgln. sind, gibt es kein geschlossenes Verfahren zur Bestimmung der allgemeinen Lösung y_h der (zugehörigen) homogenen Dgl.

$$a_n(x)\,y^{(n)} + a_{n-1}(x)\,y^{(n-1)} + \ \dots + a_1(x)\,y' + a_o(x)\,y = 0$$

Kennt man die allgemeine Lösung y_h der homogenen Dgl., dann kann man stets eine partikuläre Lösung y_p der inhomogenen Dgl.

$$a_n(x)\,y^{(n)} + a_{n-1}(x)\,y^{(n-1)} + \ \dots + a_1(x)\,y' + a_o(x)\,y = r(x)$$

durch die Methode der Variation der Konstanten bestimmen.
(In den Spezialfällen von Kapitel 19 und 20 kann man bei "günstiger" rechter Seite r(x) den Ansatz vom Typ der rechten Seite machen.)
Die allgemeine Lösung y der inhomogenen Dgl. lautet dann:

$$y = y_h + y_p \,.$$

Bemerkung: Zu einer homogenen linearen Dgl. n-ter Ordnung gibt es immer n linear unabhängige Lösungen $y_{h1}(x)$, $y_{h2}(x)$, ..., $y_{hn}(x)$. Einen solchen Satz von linear unabhängigen Lösungen nennt man ein Fundamentalsystem oder Lösungsbasis der homogenen Dgl.

Die allgemeine Lösung der homogenen Dgl. ist dann eine allgemeine Linearkombination der y_{hi}:

$$y_h = C_1 y_{h1} + C_2 y_{h2} + \dots + C_n y_{hn}$$

Ob ein Satz von n Lösungen ein Fundamentalsystem bildet, prüft man mit der Wronski-Determinante; es muß gelten

$$W(x) = \det \begin{pmatrix} y_{h1}(x) & y_{h2}(x) & \dots & y_{hn}(x) \\ y'_{h1}(x) & y'_{h2}(x) & \dots & y'_{hn}(x) \\ . & . & \dots & \\ . & . & \dots & \\ y_{h1}^{(n-1)}(x) & y_{h2}^{(n-1)}(x) & \dots & y_{hn}^{(n-1)}(x) \end{pmatrix} \neq 0$$

Beispiel 21.1: Für die homogene Dgl. $y''' - 3y' - 2y = 0$ wurde im Beispiel 19.2.9 die allgemeine Lösung

$$y_h = C_1 e^{-x} + C_2 x e^{-x} + C_3 e^{2x}$$

hergeleitet. Die Funktionen $y_{h1}(x) = e^{-x}$, $y_{h2}(x) = x e^{-x}$, $y_{h3}(x) = e^{2x}$ bilden ein Fundamentalsystem, denn für die Wronski- Determinante gilt:

$$W(x) = \det \begin{pmatrix} e^{-x} & x e^{-x} & e^{2x} \\ -e^{-x} & (1-x)e^{-x} & 2e^{2x} \\ e^{-x} & (-2+x)e^{-x} & 4e^{2x} \end{pmatrix} =$$

$$= \det \begin{pmatrix} e^{-x} & x e^{-x} & e^{2x} \\ 0 & e^{-x} & 3e^{2x} \\ 0 & -2e^{-x} & 3e^{2x} \end{pmatrix} = 3e^{-x}(e^{x} + 2e^{x}) = 9 \neq 0$$

21.2 Variation der Konstanten

21.2.1 Lineare Differentialgleichungen 1. Ordnung

Zur Bestimmung einer partikulären Lösung y_p der inhomogenen linearen Dgl. 1. Ordnung

$$a_1(x)\, y' + a_o(x)\, y = r(x)$$

benötigt man eine (von der Nullösung verschiedene) Lösung $y_1(x)$ der homogenen Dgl.

$$a_1(x)\, y' + a_o(x)\, y = 0.$$

Die allgemeine Lösung y_h der homogenen Dgl. lautet

$$y_h(x) = C \cdot y_1(x).$$

Eine partikuläre Lösung y_p der inhomogenen Dgl. lautet

$$y_p(x) = u(x) \cdot y_1(x).$$

"Variation der Konstanten" : man ersetzt formal in $y_h(x)$ die Konstante C durch eine Funktion u(x). Die Funktion u(x) bestimmt man, wie folgt:

Ihre Ableitung lautet $u'(x) = \dfrac{r(x)}{a_1(x)\, y_1(x)}$

Die Funktion u(x) selbst erhält man durch Integration

$$u(x) = \int u'(x)\, dx .$$

Beispiel 21.2.1: Man bestimme die allgemeine Lösung der Dgl. $x^2 \cdot y' + y = x^3 e^{\frac{1}{x}}$. Eine Lösung der zugehörigen homogenen Dgl. $x^2 \cdot y' + y = 0$ lautet $y_1(x) = e^{\frac{1}{x}}$.

Lösung: Es liegt eine inhomogene lineare Dgl. vor (die weder kon= stante Koeffizienten hat, noch eine Euler'sche Dgl. ist).

1) Zu der zugehörigen homogenen Dgl. $x^2 y' + y = 0$ ist eine Lösung $y_1(x) = e^{\frac{1}{x}}$ vorgegeben, also lautet die allgemeine Lösung der homogenen Dgl. $y_h(x) = C \cdot e^{\frac{1}{x}}$.

2) Eine partikuläre Lösung $y_p(x)$ der inhomogenen Dgl. erhält man durch "Variation der Konstanten" $y_p(x) = u(x) \cdot e^{\frac{1}{x}}$.

Bestimmung von u(x): $u'(x) = \dfrac{r(x)}{a_1(x)\, y_1(x)} = \dfrac{x^3 e^{\frac{1}{x}}}{x^2 e^{\frac{1}{x}}} = x$

$$u(x) = \int u'(x)\, dx = \int x\, dx = \frac{1}{2} x^2 .$$

(Die Integrationskonstante kann man beliebig, etwa gleich Null wählen.)

Also lautet eine partikuläre Lösung der inhomogenen Dgl.

$$y_p = \frac{1}{2} x^2 e^{\frac{1}{x}} .$$

3) Allgemeine Lösung der inhomogenen Dgl.:

$$y = y_h + y_p = C e^{\frac{1}{x}} + \frac{1}{2} x^2 e^{\frac{1}{x}} .$$

Beispiel 21.2.2: Man bestimme die allgemeine Lösung der Dgl.

$$y' - 2y = \frac{1}{1 - e^{-2x}}$$

Lösung: Es liegt eine inhomogene lineare Dgl. mit konstanten Koeffizienten vor.

1) Bestimmung der allgemeinen Lösung y_h der homogenen Dgl.

$y' - 2y = 0$:

charakteristisches Polynom: $\lambda - 2 = 0 \Rightarrow \lambda = 2$

Nach Tabelle 19.1 gehört dazu die Lösung e^{2x}, die allgemeine Lösung der homogenen Dgl. lautet: $y_h = C\,e^{2x}$.

2) Bestimmung einer partikulären Lösung y_p der inhomogenen Dgl.:

Die rechte Seite $r(x) = \frac{1}{1 - e^{-2x}}$ ist nicht Funktion aus Tabelle 19.1 und kann auch nicht in eine Linearkombination solcher Funktionen überführt werden.

Deshalb "Variation der Konstanten" $y_p(x) = u(x) \cdot e^{2x}$.

Bestimmung von $u(x)$:

$$u'(x) = \frac{r(x)}{a_1(x)\,y_1(x)} = \frac{e^{-2x}}{1 - e^{-2x}}$$

$$u(x) = \int \frac{e^{-2x}}{1 - e^{-2x}}\,dx = \frac{1}{2}\,|\ln 1 - e^{-2x}|$$

(siehe Repetitorium Teil A, Seite 43)

Partikuläre Lösung der inhomogenen Dgl.:

$$y_p = \frac{1}{2}\,e^{2x}\ln|1 - e^{-2x}|$$

3) Allgemeine Lösung der inhomogenen Dgl.:

$$y = y_h + y_p = C\,e^{2x} + \frac{1}{2}\,e^{2x}\ln|1 - e^{-2x}|$$

21.2.2 Lineare Differentialgleichungen 2.Ordnung

Zur Bestimmung einer partikulären Lösung y_p der inhomogenen Dgl. 2. Ordnung

$$a_2(x)\,y'' + a_1(x)\,y' + a_o(x)\,y = r(x)$$

benötigt man ein Fundamentalsystem (zwei linear unabhängige Lösungen) $y_1(x)$, $y_2(x)$ der zugehörigen homogenen Dgl.

$$a_2(x)\,y'' + a_1(x)\,y' + a_o(x)\,y = 0$$

Die allgemeine Lösung der homogenen Dgl. lautet

$$y_h(x) = C_1 \cdot y_1(x) + C_2 \cdot y_2(x) .$$

Eine partikuläre Lösung y_p der inhomogenen Dgl. lautet

$$y_p(x) = u_1(x) \cdot y_1(x) + u_2(x) \cdot y_2(x) .$$

"Variation der Konstanten" : man ersetzt formal in $y_h(x)$ die Konstanten C_1 und C_2 durch die Funktionen $u_1(x)$ und $u_2(x)$.
Die Funktionen $u_1(x)$ und $u_2(x)$ bestimmt man, wie folgt:

Ihre Ableitungen erhält man als Lösungen des linearen Gleichungs= systems

$$y_1(x)\, u_1'(x) + y_2(x)\, u_2'(x) = 0$$
$$y_1'(x)\, u_1'(x) + y_2'(x)\, u_2'(x) = \frac{r(x)}{a_2(x)}$$

Die Funktionen $u_1(x)$ und $u_2(x)$ erhält man durch Integration

$$u_1(x) = \int u_1'(x)\, dx \quad \text{und} \quad u_2(x) = \int u_2'(x)\, dx .$$

Beispiel 21.2.3: Man bestimme die allgemeine Lösung der Dgl.

$$y'' + 4y = \operatorname{ctg} 2x$$

Lösung: Es liegt eine inhomogene lineare Dgl. 2.Ordnung mit konstanten Koeffizienten vor.

1) Bestimmung der allgemeinen Lösung y_h der homogenen Dgl.

$$y'' + 4y = 0:$$

Charakteristisches Polynom: $\lambda^2 + 4 = 0 \Rightarrow \lambda_1 = -2i$, $\lambda_2 = +2i$

Nach Tabelle 19.1 gehören dazu die Lösungen

$$y_1(x) = \cos 2x , \; y_2(x) = \sin 2x .$$

Allgemeine homogene Lösung $y_h(x) = C_1 \cos 2x + C_2 \sin 2x$

2) Bestimmung einer partikulären Lösung y_p der inhomogenen Dgl.:
Die rechte Seite $r(x) = \operatorname{ctg} x$ ist nicht Funktion aus Tabelle 19.1 und kann auch nicht in eine Linearkombination solcher Funktionen überführt werden. Deshalb:

"Variation der Konstanten" $y_p(x) = u_1(x) \cos 2x + u_2(x) \sin 2x$.
Auflösen des linearen Gleichungssystems

$$\cos 2x \cdot u_1'(x) + \sin 2x \cdot u_2'(x) = 0$$
$$-2\sin 2x \cdot u_1'(x) + 2\cos 2x \cdot u_2'(x) = \operatorname{ctg} 2x$$

nach $u_1'(x)$ und $u_2'(x)$ führt auf

$$\cos 2x \cdot u_1'(x) + \sin 2x \cdot u_2'(x) = 0$$

$$\frac{2}{\cos 2x} u_2'(x) = \operatorname{ctg} 2x$$

also $u_2'(x) = \frac{1}{2}\left(\frac{1}{\sin 2x} - \sin 2x\right)$

$$u_1'(x) = -\frac{1}{2}\cos 2x$$

Integration: $u_1(x) = -\frac{1}{4}\sin 2x$

$$u_2(x) = \frac{1}{4}(\cos 2x + \ln|\operatorname{tg} x|)$$

(Dabei wurden die Integrationskonstanten gleich Null gesetzt.)

Partikuläre Lösung:

$$y_p = -\frac{1}{4}\sin 2x \cos 2x + \frac{1}{4}(\cos 2x + \ln|\operatorname{tg} x|)\sin 2x =$$

$$= \frac{1}{4}\sin 2x \ln|\operatorname{tg} x|$$

3) Allgemeine Lösung der inhomogenen Dgl.:

$$y = y_h + y_p = C_1 \cos 2x + C_2 \sin 2x + \frac{1}{4}\sin 2x \ln|\operatorname{tg} x|$$

Beispiel 21.2.4: Man bestimme die allgemeine Lösung der Dgl.

$$x^2 y'' - 2y = 3x^3 \sin x$$

Lösung: Es liegt eine inhomogene Euler'sche Dgl. 2.Ordnung vor. Variablentransformation $x = e^t$:

$$\ddot{y} - \dot{y} - 2y = 3e^{3t} \sin e^t$$

1) Bestimmung der allgemeinen Lösung der homogenen Dgl.

$\ddot{y} - \dot{y} - 2y = 0$:

charakteristisches Polynom: $\lambda^2 - \lambda - 2 = 0 \Rightarrow$

$\lambda_1 = 2,\ \lambda_2 = -1 \implies y_1(t) = e^{2t},\ y_2(t) = e^{-t}$

$y_h(t) = C_1 e^{2t} + C_2 e^{-t}$

2) Bestimmung einer partikulären Lösung der inhomogenen Dgl.

$$\ddot{y} - \dot{y} - 2y = 3e^{3t} \sin e^t$$

Die rechte Seite $s(t) = 3e^{3t} \sin e^t$ ist nicht Funktion aus Tabelle 19.1 und kann auch nicht in eine Linearkombination solcher Funktionen überführt werden. Deshalb "Variation der Konstanten".

Man hat die beiden Möglichkeiten, die Variation der Konstan= ten in der transformierten Dgl. in t durchzuführen, die all= gemeine Lösung zu bestimmen und dann auf x rückzutransformieren, oder mit der rücktransformierten homogenen Lösung $y_h(x)$ die Variation der Konstanten in der ursprünglichen Dgl. durch= zuführen. Wir wählen hier den 2. Weg.

$$y_h(x) = C_1 x^2 + C_2 \frac{1}{x}$$

(Dgl. in x ist eine Dgl. mit nicht konstanten Koeffizienten, deshalb kann man für $y_p(x)$ nicht den Ansatz vom Typ der rech= ten Seite machen, obwohl $r(x) = 3x^3 \sin x$ dazu verleiten könn= te!)

"Variation der Konstanten": $y_p(x) = u_1(x) \cdot x^2 + u_2(x) \cdot \frac{1}{x}$.

Bestimmung von $u_1(x)$ und $u_2(x)$:

Auflösen des linearen Gleichungssystems

$$x^2 u_1'(x) + \frac{1}{x} u_2'(x) = 0$$

$$2x u_1'(x) - \frac{1}{x^2} u_2'(x) = \frac{3x^3 \sin x}{x^2}$$

nach $u_1'(x)$ und $u_2'(x)$ führt auf

$$u_1'(x) = \sin x, \quad u_2'(x) = -x^3 \sin x .$$

Integration: $u_1(x) = -\cos x$, $u_2(x) = 3(2 - x^2)\sin x + x(x^2 - 6)\cos x$

Partikuläre Lösung:

$$y_p = (\frac{6}{x} - 3x)\sin x - 6 \cos x$$

3) Allgemeine Lösung der inhomogenen Dgl.:

$$y = y_p + y_h = C_1 x^2 + C_2 \frac{1}{x} - 6 \cos x + (\frac{6}{x} - 3x)\sin x .$$

21.2.3 Lineare Differentialgleichungen n-ter Ordnung

Zur Bestimmung einer partikulären Lösung y_p der inhomogenen Dgl. n-ter Ordnung

$$a_n(x) y^{(n)} + a_{n-1}(x) y^{(n-1)} + \quad \dots \quad + a_o y(x) = r(x)$$

benötigt man ein Fundamentalsystem $y_1(x), y_2(x), \dots , y_n(x)$ der zugehörigen homogenen Dgl.

$$a_n(x) y^{(n)} + a_{n-1}(x) y^{(n-1)} + \quad \dots \quad + a_o y(x) = 0$$

Die allgemeine Lösung der homogenen Dgl. lautet

$$y_h(x) = C_1 y_1(x) + C_2 y_2(x) + \ldots + C_n y_n(x)$$

Eine partikuläre Lösung y_p der inhomogenen Dgl. lautet

$$y_p(x) = u_1(x) y_1(x) + u_2(x) y_2(x) + \ldots + u_n(x) y_n(x) .$$

"Variation der Konstanten" . Die Funktionen $u_1(x), u_2(x), \ldots u_n(x)$ bestimmt man, wie folgt:

Ihre Ableitungen erhält man als Lösungen des linearen Gleichungs= systems

$$\begin{array}{llll}
y_1(x) u_1'(x) & + y_2(x) u_2'(x) + \ldots & + y_n(x) u_n'(x) & = 0 \\
y_1'(x) u_1'(x) & + y_2'(x) u_2'(x) + \ldots & + y_n'(x) u_n'(x) & = 0 \\
\cdot & & & \cdot \\
\cdot & & & \cdot \\
\cdot & & & \cdot \\
y_1^{(n-2)}(x) u_1'(x) & + y_2^{(n-2)}(x) u_2'(x) + \ldots & + y_n^{(n-2)}(x) u_n'(x) & = 0 \\
y_1^{(n-1)}(x) u_1'(x) & + y_2^{(n-1)}(x) u_2'(x) + \ldots & + y_n^{(n-1)}(x) u_n'(x) & = \dfrac{r(x)}{a_n(x)}
\end{array}$$

Die Funktionen $u_i(x)$ selbst erhält man durch Integration

$$u_i(x) = \int u_i'(x)\, dx .$$

Aufgaben: 21.1 - 21.4

22. Systeme linearer Differentialgleichungen mit konstanten Koeffizienten

22.1 Lösung durch Eliminationsmethode

22.1.1 Systeme von linearen Differentialgleichungen erster Ordnung

Ein System linearer Dgln. erster Ordnung mit konstanten Koeffizien= ten hat die Form

$$\begin{aligned} y_1' &= a_{11}y_1 + a_{12}y_2 + \ldots + a_{1n}y_n + b_1(x) \\ y_2' &= a_{21}y_1 + a_{22}y_2 + \ldots + a_{2n}y_n + b_2(x) \\ &\vdots \\ y_n' &= a_{n1}y_1 + a_{n2}y_2 + \ldots + a_{nn}y_n + b_n(x) \end{aligned}$$

Dabei sind die a_{ij} reelle Konstanten.

In Matrizenschreibweise:

$\vec{y}' = A\vec{y} + \vec{b}(x)$ mit

$$\vec{y} = \begin{pmatrix} y_1 \\ y_2 \\ \cdot \\ \cdot \\ y_n \end{pmatrix}, \quad A = \begin{pmatrix} a_{11} & a_{12} & \cdot & \cdot & a_{1n} \\ a_{21} & a_{22} & \cdot & \cdot & a_{2n} \\ \cdot & & & & \\ \cdot & & & & \\ a_{n1} & a_{n2} & \cdot & \cdot & a_{nn} \end{pmatrix}, \quad \vec{b}(x) = \begin{pmatrix} b_1(x) \\ b_2(x) \\ \cdot \\ \cdot \\ b_n(x) \end{pmatrix}$$

Die allgemeine Lösung findet man mit dem folgenden Eliminations= verfahren. Dieses Verfahren hat zum Ziel, eine Dgl. zu erzeugen, in der nur eine unbekannte Funktion vorkommt. Die Vorgehensweise wird links verbal beschrieben und rechts an einem Beispiel vorge= führt.

Beispiel 22.1.1:

$$\begin{aligned} y_1' &= -y_1 + y_2 + y_3 + e^{-x} \\ y_2' &= y_1 + y_2 + y_3 \\ y_3' &= y_1 + y_2 - y_3 \end{aligned}$$

Lösung:

A) Kommt in der ersten Dgl. nur die erste unbekannte Funktion vor, so	In der ersten Dgl. kommen außer der ersten unbekannten Funktion (y_1) noch weitere unbekannte Funktionen vor.
A1) bestimmt man ihre allge= meine Lösung und setzt diese in die übrigen Dgln. ein. Man hat dann eine Dgl. und eine unbekannte Funktion weniger.	
A2) Man löst das verbleibende System. Besteht dieses System aus zwei oder meh= reren Dgln.,so beginnt man wieder bei A), sonst wei= ter bei D).	
B) Kommt in der ersten Dgl. außer der ersten unbekannten Funk= tion eine weitere unbekannte Funktion, etwa y_r vor, so	In der ersten Dgl. kommt außer y_1 auch noch $y_2 (= y_r)$ vor.
B1) löst man einerseits die erste Dgl. nach y_r auf und versieht diese Beziehung mit der Marke (M_r)	(M2) $y_2 = y_1' + y_1 - y_3 - e^{-x}$
B2) zum anderen differenziert man die erste ursprüngliche Dgl.. Für die auf der rech= ten Seite auftretenden Ab= leitungen anderer Funktio= nen setzt man die rechten Seiten der übrigen Dgln. ein.	$y_1'' = -y_1' + y_2' + y_3' - e^{-x}$ y_2' und y_3' aus der zwei= ten und dritten Dgl. ein= setzen: $y_1'' = -y_1' + \underbrace{(y_1 + y_2 + y_3)}_{y_2'} + \underbrace{(y_1 + y_2 - y_3)}_{y_3'} - e^{-x} =$ $= -y_1' + 2y_1 + 2y_2 - e^{-x}$
C) Man schreibt nun das folgende reduzierte Dgln.-System auf (in dem y_r nicht mehr vorkommt)	

C1) In der Dgl. aus B2), (die man durch Differentiation aus der ersten ursprünglichen Dgl. erhalten hat) ersetzt man noch y_r durch die markierte Beziehung.

C2) Die Dgl. mit y_r' läßt man weg.

C3) In den übrigen Dgln. ersetzt man y_r durch die markierte Beziehung.

C4) Sofern dieses Dgln.-System aus mehr als einer Dgl. besteht, so verfährt man mit diesem wie oben, also weiter bei A). Jedesmal, wenn man zum Schritt A) zurück geht, hat sich das Dgln.-System um eine unbekannte Funktion und um eine Dgl. verkleinert.

y_2 aus (M2) einsetzen.

$$y_1'' = -y_1' + 2y_1 + 2(y_1' + y_1 - y_3 - e^{-x}) - e^{-x}$$
$$= y_1' + 4y_1 - 2y_3 - 3e^{-x}$$

\- - -

$$y_3' = y_1 + y_2 - y_3 =$$
$$= y_1 + (y_1' + y_1 - y_3 - e^{-x}) - y_3 =$$
$$= y_1' + 2y_1 - 2y_3 - e^{-x}$$

Das verbleibende Dgln.-System besteht aus zwei Dgln.:

$$\boxed{\begin{aligned} y_1'' &= y_1 + 4y_1 - 2y_3 - 3e^{-x} \\ y_3' &= y_1' + 2y_1 - 2y_3 - e^{-x} \end{aligned}}$$

A) In der ersten Dgl. kommt außer der ersten unbekannten Funktion (y_1) noch eine andere unbekannte Funktion vor.

B) y_3 ($= y_r$)

B1) (M3)

$$y_3 = -\frac{1}{2}(y_1'' - y_1' - 4y_1 + 3e^{-x})$$

B2) Erste Dgl. differenzieren

$$y_1''' = y_1'' + 4y_1' - 2y_3' + 3e^{-x}$$

y_3' aus der zweiten Dgl. einsetzen:

$$y_1''' = y_1'' + 4y_1' - 2(y_1' + 2y_1 - 2y_3 - e^{-x}) + 3e^{-x} =$$
$$= y_1'' + 2y_1' - 4y_1 + 4y_3 + 5e^{-x}$$

C)

C1) y_3 aus (M3) einsetzen:

$$y_1''' = y_1'' + 2y_1' - 4y_1 + \\ + 4\left(-\frac{1}{2}\right)(y_1'' - y_1' - 4y_1 + 3e^{-x}) + 5e^{-x} = \\ = -y_1'' + 4y_1' + 4y_1 - e^{-x}$$

C2) - -

C3) - -

C4) $\boxed{y_1''' = -y_1'' + 4y_1' + 4y_1 - e^{-x}}$

D) Schließlich be= steht das Dgln.-System nur noch aus einer Dgl. mit einer unbekannten Funktion. Man bestimmt ihre allgemeine Lösung.

$$y_1''' + y_1'' - 4y_1' - 4y_1 = -e^{-x}$$

Mit dem Verfahren aus Kapitel 19 erhält man:

$$y_1 = C_1e^{2x} + C_2e^{-2x} + C_3e^{-x} + \frac{1}{3}x \cdot e^{-x}$$

E) Die allgemeine Lösung anderer unbekannter Funktionen erhält man aus den markierten Gleichungen durch Ein= setzen der bereits be= rechneten Funktionen. Man beginnt mit der letzten markierten Gleichung.

(M3)

$$y_3 = -\frac{1}{2}(y_1'' - y_1' - 4y_1 + 3e^{-x})$$

mit

$$y_1 = C_1e^{2x} + C_2e^{-2x} + C_3e^{-x} + \frac{1}{3}x\,e^{-x}$$

$$y_1' = 2C_1e^{2x} - 2C_2e^{-2x} - C_3e^{-x} + \frac{1}{3}(1-x)e^{-x}$$

$$y_1'' = 4C_1e^{2x} - 4C_2e^{-2x} + C_3e^{-x} - \frac{1}{3}(2-x)e^{-x}$$

erhält man

$$y_3 = -\frac{1}{2}(-2C_1e^{2x} + 2C_2e^{-2x} - 2C_3e^{-x} + 2e^{-x} + x \cdot e^{-x})$$

$$y_3 = C_1e^{2x} - C_2e^{-2x} + C_3e^{-x} - e^{-x} + \frac{1}{3}x \cdot e^{-x}$$

Nun ist y_1 und y_3 bekannt. Damit geht man in die davor markierte Gleichung

(M2)

$$y_2 = y_1' + y_1 - y_3 - e^{-x}$$

y_1', y_1 und y_3 eingesetzt ergibt:

$$y_2 = 2C_1e^{2x} + 0 \cdot C_2e^{-2x} - C_3e^{-x} + \frac{1}{3}e^{-x} - \frac{1}{3}x\,e^{-x}$$

Somit lautet die allgemeine Lösung des Dgln.-Systems:

$$y_1 = C_1e^{2x} + C_2e^{-2x} + C_3e^{-x} + \frac{1}{3}x\,e^{-x}$$
$$y_2 = 2C_1e^{2x} - C_3e^{-x} + \frac{1}{3}e^{-x} - \frac{1}{3}x\,e^{-x}$$
$$y_3 = C_1e^{2x} - C_2e^{-2x} + C_3e^{-x} - e^{-x} + \frac{1}{3}x\,e^{-x}$$

In vektorieller Schreibweise:

$$\vec{y} = C_1\cdot\begin{pmatrix}1\\2\\1\end{pmatrix}\cdot e^{2x} + C_2\cdot\begin{pmatrix}1\\0\\-1\end{pmatrix}\cdot e^{-2x} + C_3\cdot\begin{pmatrix}1\\-1\\1\end{pmatrix}\cdot e^{-x} + \begin{pmatrix}0\\\frac{1}{3}\\-1\end{pmatrix}\cdot e^{-x} + \begin{pmatrix}\frac{1}{3}\\-\frac{1}{3}\\\frac{1}{3}\end{pmatrix} x\cdot e^{-x}$$

Beispiel 22.1.2:

$$y_1' = y_2$$
$$y_2' = y_1$$
$$y_3' = y_1 + y_2$$

Lösung: Eliminationsverfahren:

A) In der ersten Dgl. kommt außer der ersten unbekannten Funktion (y_1) noch eine andere unbekannte Funktion vor.

B) y_2 $(= y_r)$

B1) (M 2) $y_2 = y_1'$

B2) $y_1'' = y_2'$

y_2' und y_3' aus der zweiten und dritten Dgl. einsetzen:

$y_1'' = y_1$

C)

C1) $y_1'' = y_1$

C2) Zweite Dgl. wird weggelassen.

C3) In der verbleibenden Dgl. wird y_2 durch (M 2) ersetzt:

$$y_3' = y_1 + y_2 = y_1 + y_1'$$

C4) Das verbleibende System besteht aus 2 Dgln.:

$$y_1'' = y_1$$
$$y_3' = y_1 + y_1'$$

A) In der ersten Dgl. kommt nur noch die erste unbekannte Funktion (y_1) vor.
Bestimmung der allgemeinen Lösung der ersten Dgl.

$y_1'' - y_1 = 0$ mit dem Verfahren aus Kapitel 19:

$y_1 = C_1e^x + C_2e^{-x}$

Einsetzen dieser allgemeinen Lösung y_1 in die übrigen Dgln.:

$y_3' = y_1 + y_1' = C_1e^x + C_2e^{-x} + C_1e^x - C_2e^{-x} = 2\,C_1e^x$

Das verbleibende System besteht nur noch aus einer Dgl.

D) $y_3' = 2\,C_1e^x$
Ihre allgemeine Lösung lautet:

$y_3 = 2 \cdot C_1e^x + C_3$

Die allgemeine Lösung der verbleibenden unbekannten Funktion y_2 erhält man aus (M 2):

$y_2 = y_1' = C_1e^x - C_2e^{-x}$

E) Die allgemeine Lösung des Dgln.-Systems lautet also:

$$y_1 = C_1e^x + C_2e^{-x}$$
$$y_2 = C_1e^x - C_2e^{-x}$$
$$y_3 = 2\,C_1e^x \qquad + C_3$$

In vektorieller Schreibweise:

$$\vec{y} = C_1 \cdot \begin{pmatrix} 1 \\ 1 \\ 2 \end{pmatrix} \cdot e^x + C_2 \cdot \begin{pmatrix} 1 \\ -1 \\ 0 \end{pmatrix} \cdot e^{-x} + C_3 \begin{pmatrix} 0 \\ 0 \\ 1 \end{pmatrix}$$

22.1.2 Systeme linearer Differentialgleichungen mit konstanten Koeffizienten höherer Ordnung

Ein System linearer Dgln. höherer Ordnung läßt sich immer auf ein System von Dgln. erster Ordnung überführen.

Beispiel 22.1.3:
$$y_1'' - 2y_1 - 3y_2 = 0$$
$$y_2'' + y_1 + 2y_2 = 0$$

Lösung: Dies ist ein System von linearen Dgln. mit konstanten Koeffizienten von zweiter Ordnung. Dies wird auf fol= gende Weise in ein System von Dgln. erster Ordnung überführt.

Man führt neue Hilfsfunktionen ein:

$$y_1' = y_3$$
$$y_2' = y_4$$

Dann ist $y_1'' = y_3'$ und $y_2'' = y_4'$. Dies wird in das obige System eingesetzt:

$$y_3' - 2y_1 - 3y_2 = 0$$
$$y_4' + y_1 + 2y_2 = 0$$

Die so entstandenen Gleichungen liefern zusammen mit den Definitionsgleichungen der Hilfsfunktionen das neue System von Dgln.:

$$\boxed{\begin{aligned} y_1' &= y_3 \\ y_2' &= y_4 \\ y_3' &= 2y_1 + 3y_2 \\ y_4' &= -y_1 - 2y_2 \end{aligned}}$$

<u>Lösung:</u> Eliminationsmethode:

A) In der ersten Dgl. kommt außer der ersten unbekannten Funktion (y_1) noch eine weitere unbekannte Funktion vor.

B) y_3 ($=y_r$)

B1) (M3) $y_3 = y_1'$

B2) Differentiation der ersten Dgl. $y_1'' = y_3'$

y_3' aus der 3. Dgl. einsetzen: $y_1'' = 2y_1 + 3y_2$

C) Elimination von y_3 aus dem System mit Hilfe von (M3)

C1) $y_1'' = 2y_1 + 3y_2$

C2) Die dritte Dgl. wird weggelassen.

C3) Aus den verbleibenden Dgln. wird

$$y_2' = y_4$$
$$y_4' = -y_1 - 2y_2$$

C4) Das verbleibende System besteht aus drei Dgln.:

$$\boxed{\begin{aligned} y_1'' &= 2y_1 + 3y_2 \\ y_2' &= y_4 \\ y_4' &= -y_1 - 2y_2 \end{aligned}}$$

A) In der ersten Dgl. kommt außer der ersten Funktion (y_1) noch eine weitere Funktion vor.

B) y_2 (= y_r)

B1) (M 2) $y_2 = \frac{1}{3}y_1'' - \frac{2}{3}y_1$

B2) Differentiation der ersten Ggl. $y_1''' = 2y_1' + 3y_2'$

y_2' aus der 2. Dgl. einsetzen: $y_1''' = 2y_1' + 3y_4$

C) Elimination von y_2 aus dem System mit Hilfe von (M 2) :

C1) $y_1''' = 2y_1' + 3y_4$

C2) Die zweite Dgl. wird weggelassen.

C3) Die verbleibende Dgl. wird zu:

$y_4' = -y_1 - \frac{2}{3}y_1'' + \frac{4}{3}y_1$

C4) Das verbleibende System besteht aus zwei Dgln.:

$$\boxed{\begin{aligned} y_1''' &= 2y_1' + 3y_4 \\ y_4' &= \frac{1}{3}y_1 - \frac{2}{3}y_1'' \end{aligned}}$$

A) In der ersten Dgl. kommt außer der ersten Funktion (y_1) noch eine weitere Funktion vor.

B) y_4 (= y_r)

B1) (M 4) $y_4 = \frac{1}{3}y_1''' - \frac{2}{3}y_1'$

B2) Differentiation der ersten Dgl. $y_1^{IV} = 2y_1'' + 3y_4'$

y_4' aus der zweiten Dgl. einsetzen: $y_1^{IV} = 2y_1'' + y_1 - 2y_1''$

C) Das verbleibende System besteht nur noch aus einer Dgl.:

$y_1^{IV} - y_1 = 0$

D) Bestimmung der allgemeinen Lösung dieser Dgl. mit dem Verfahren aus Kapitel 19:

$y_1 = C_1e^x + C_2e^{-x} + C_3\cos x + C_4\sin x$

Die anderen Funktionen ergeben sich aus den markierten Gleichungen:

(M 4) : $y_4 = -\frac{1}{3}C_1e^x + \frac{1}{3}C_2e^{-x} + C_3\sin x - C_4\cos x$

(M 2) : $y_2 = -\frac{1}{3}C_1e^x - \frac{1}{3}C_2e^{-x} - C_3\cos x - C_4\sin x$

(M 3) : $y_3 = C_1e^x - C_2e^{-x} - C_3\sin x + C_4\cos x$

22.2 Lösung durch Eigenwertmethode

Ein System von linearen Dgln. mit konstanten Koeffizienten läßt sich immer auf ein System linearer Dgln. erster Ordnung überführen (vergl. 22.1.2).
Ein System linearer Dgln. erster Ordnung mit konstanten Koeffizienten kann man, wie folgt, in Matrixschreibweise angeben:

$$\underbrace{\begin{pmatrix} y_1' \\ y_2' \\ \cdot \\ \cdot \\ \cdot \\ y_n' \end{pmatrix}}_{\vec{y}\,'} = \underbrace{\begin{pmatrix} a_{11} & a_{12} & \cdots & a_{1n} \\ a_{21} & a_{22} & \cdots & a_{2n} \\ \cdot & \cdot & & \cdot \\ \cdot & \cdot & & \cdot \\ \cdot & \cdot & & \cdot \\ a_{n1} & a_{n2} & \cdots & a_{nn} \end{pmatrix}}_{A} \cdot \underbrace{\begin{pmatrix} y_1 \\ y_2 \\ \cdot \\ \cdot \\ \cdot \\ y_n \end{pmatrix}}_{\vec{y}} + \underbrace{\begin{pmatrix} b_1(x) \\ b_2(x) \\ \cdot \\ \cdot \\ \cdot \\ b_n(x) \end{pmatrix}}_{\vec{b}(x)}$$

Eigenwertmethode:

Man bestimmt alle Eigenwerte der Matrix A und die dazugehörigen Eigenvektoren.
Zu einem reellen Eigenwert λ und einem zugehörigen Eigenvektor $\vec{C}$ gehört der Lösungsanteil $\vec{C}\cdot e^{\lambda x}$.
Zu einem Paar konjugiert komplexer Eigenwerte $\lambda_{1,2} = \alpha \pm i\beta$ und einem zugehörigen Paar konjugiert komplexer Eigenvektoren $\vec{C}_{1,2} = \vec{u} \pm i\vec{v}$ gehören die Lösungsanteile $(\vec{u}\cos \beta x - \vec{v}\sin \beta x)e^{\alpha x}$ und $(\vec{v}\cos \beta x + \vec{u}\sin \beta x)e^{\alpha x}$.
Hat man insgesamt n linear unabhängige Eigenvektoren gefunden, so ist die allgemeine Lösung des homogenen Systems $\vec{y}\,' = A\vec{y}$, die allgemeine Linearkombination der n Lösungsanteile. Die allgemeine Lösung der inhomogenen Dgl. erhält man durch Variation der Konstanten, siehe Abschnitt 23.2.
Falls der Störvektor $\vec{b}(x)$ vom "günstigen Typ" ist und keine Resonanz vorliegt, so kann man einen Ansatz vom Typ der Stör=funktion machen.

Beispiel 22.2.1: $\vec{y}\,' = \begin{pmatrix} 0 & 1 & 1 \\ 1 & 0 & 1 \\ 1 & 1 & 0 \end{pmatrix} \vec{y} + e^x \begin{pmatrix} 0 \\ 2 \\ 0 \end{pmatrix}$

Lösung: Eigenwerte $\begin{vmatrix} -\lambda & 1 & 1 \\ 1 & -\lambda & 1 \\ 1 & 1 & -\lambda \end{vmatrix} = -\lambda^3 + 3\lambda + 2 = 0 \Rightarrow$

$\lambda_1 = 2$ (Hornerschema!), $\lambda_2 = \lambda_3 = -1$

Eigenvektoren

zu $\lambda_1 = 2$: $\begin{pmatrix} -2 & 1 & 1 \\ 1 & -2 & 1 \\ 1 & 1 & -2 \end{pmatrix} \cdot \begin{pmatrix} c_1 \\ c_2 \\ c_3 \end{pmatrix} = \begin{pmatrix} 0 \\ 0 \\ 0 \end{pmatrix} \Rightarrow \vec{c}_1 = \begin{pmatrix} 1 \\ 1 \\ 1 \end{pmatrix}$

zu $\lambda_2 = \lambda_3 = -1$: $\begin{pmatrix} 1 & 1 & 1 \\ 1 & 1 & 1 \\ 1 & 1 & 1 \end{pmatrix} \cdot \begin{pmatrix} c_1' \\ c_2' \\ c_3' \end{pmatrix} = \begin{pmatrix} 0 \\ 0 \\ 0 \end{pmatrix} \Rightarrow c_1' + c_2' + c_3' = 0$

$\vec{c}_2\,' = \begin{pmatrix} -1 \\ 0 \\ 1 \end{pmatrix}$, $\vec{c}_3\,' = \begin{pmatrix} -1 \\ 1 \\ 0 \end{pmatrix}$ linear unabhängig.

Allgemeine Lösung des homogenen Systems:

$$y_h = r \cdot \begin{pmatrix} 1 \\ 1 \\ 1 \end{pmatrix} \cdot e^{2x} + s \cdot \begin{pmatrix} -1 \\ 0 \\ 1 \end{pmatrix} \cdot e^{-x} + t \cdot \begin{pmatrix} -1 \\ 1 \\ 0 \end{pmatrix} \cdot e^{-x}$$

Der Störvektor $\begin{pmatrix} 0 \\ 2 \\ 0 \end{pmatrix} \cdot e^x$ ist vom günstigen Typ.

Deshalb Ansatz vom Typ der Störfunktion: $\vec{y}_p = \vec{a}\, e^x$:
Einsetzen in das Dgln.System:

$$\vec{y}_p\,' = \begin{pmatrix} a_1 \\ a_2 \\ a_3 \end{pmatrix} e^x = \begin{pmatrix} 0 & 1 & 1 \\ 1 & 0 & 1 \\ 1 & 1 & 0 \end{pmatrix} \begin{pmatrix} a_1 \\ a_2 \\ a_3 \end{pmatrix} \cdot e^x + \begin{pmatrix} 0 \\ 2 \\ 0 \end{pmatrix} \cdot e^x$$

Dies gibt ein lineares Gleichungssystem zur Bestimmung der a_i:

$$\left.\begin{array}{rrrcl} a_1 & -a_2 & -a_3 & = & 0 \\ -a_1 & +a_2 & -a_3 & = & 2 \\ -a_1 & -a_2 & +a_3 & = & 0 \end{array}\right\} \quad a_1 = -1\,,\; a_2 = 0\,,\; a_3 = -1$$

Eine partikuläre Lösung ist somit $\vec{y}_p = \begin{pmatrix} -1 \\ 0 \\ -1 \end{pmatrix} e^x$.

Die allgemeine Lösung des inhomogenen Dgln.Systems lautet:

$$y = r\cdot\begin{pmatrix} 1 \\ 1 \\ 1 \end{pmatrix}\cdot e^{2x} + s\cdot\begin{pmatrix} -1 \\ 0 \\ 1 \end{pmatrix}\cdot e^{-x} + t\cdot\begin{pmatrix} -1 \\ 1 \\ 0 \end{pmatrix}\cdot e^{-x} + \begin{pmatrix} -1 \\ 0 \\ -1 \end{pmatrix}\cdot e^{x}$$

<u>Beispiel 22.2.2:</u> $\vec{y}\,' = \begin{pmatrix} -1 & 2 \\ -2 & 1 \end{pmatrix}\cdot\vec{y}$

<u>Lösung:</u>

Eigenwerte: $\begin{vmatrix} -1-\lambda & 2 \\ -2 & -1-\lambda \end{vmatrix} = (1+\lambda)^2 + 4 = 0 \Rightarrow \begin{cases} \lambda_1 = -1 + 2i \\ \lambda_2 = -1 - 2i \end{cases}$

Eigenvektoren:

zu $\lambda_1 = -1 + 2i$: $\begin{pmatrix} -2i & 2 \\ -2 & -2i \end{pmatrix}\begin{pmatrix} c_1 \\ c_2 \end{pmatrix} = \begin{pmatrix} 0 \\ 0 \end{pmatrix} \Rightarrow \vec{c}_1 = \begin{pmatrix} 1 \\ i \end{pmatrix} = \begin{pmatrix} 1 \\ 0 \end{pmatrix} + i\begin{pmatrix} 0 \\ 1 \end{pmatrix}$

zu $\lambda_2 = -1 - 2i$: $\begin{pmatrix} 2i & 2 \\ -2 & 2i \end{pmatrix}\begin{pmatrix} c_1 \\ c_2 \end{pmatrix} = \begin{pmatrix} 0 \\ 0 \end{pmatrix} \Rightarrow \vec{c}_2 = \begin{pmatrix} 1 \\ -i \end{pmatrix} = \begin{pmatrix} 1 \\ 0 \end{pmatrix} - i\begin{pmatrix} 0 \\ 1 \end{pmatrix}$

Allgemeine Lösung des (homogenen) Systems:

$$y = r\cdot\left(\begin{pmatrix} 1 \\ 0 \end{pmatrix}\cos 2x - \begin{pmatrix} 0 \\ 1 \end{pmatrix}\sin 2x\right)\cdot e^{-x} + s\cdot\left(\begin{pmatrix} 0 \\ 1 \end{pmatrix}\cos 2x + \begin{pmatrix} 1 \\ 0 \end{pmatrix}\sin 2x\right)\cdot e^{-x}$$

$$= r\cdot\begin{pmatrix} \cos 2x \\ -\sin 2x \end{pmatrix}\cdot e^{-x} + s\cdot\begin{pmatrix} \sin 2x \\ \cos 2x \end{pmatrix}\cdot e^{-x}$$

<u>Bemerkung:</u> Bei der Bestimmung der Eigenwerte der Matrix A können folgende Fälle eintreten.

<u>Fall 1:</u> Alle Eigenwerte $\lambda_1, \lambda_2, \ldots, \lambda_n$ sind voneineinander ver= schieden.Dann führt die oben beschriebene Methode zum Ziel.

<u>Fall 2:</u> Es gibt Eigenwerte, die mehrfach sind. Ist λ ein solcher Eigenwert und besitzt λ die Vielfachheit k, so gibt es folgende zwei Möglichkeiten.

<u>Fall 2a:</u> Zum k-fachen Eigenwert λ lassen sich k linear unab= hängige Eigenvektoren $\vec{C}_1, \ldots, \vec{C}_k$ bestimmen. Dann führt die oben beschriebene Methode zum Lösungsanteil

$$\vec{C}_1 e^{\lambda x} + \ldots + \vec{C}_k e^{\lambda x} .$$

<u>Fall 2b:</u> Zum k-fachen Eigenwert λ lassen sich nur 1 linear unabhängige Eigenvektoren bestimmen. Dann kann der Lösungsanteil zum Eigenwert λ durch Einsetzen des Ansatzes

$$\overline{y} = (\vec{B}_o + \vec{B}_1 x^1 + \ldots + \vec{B}_{k-1} x^{k-1}) \cdot e^{\lambda x}$$

in das Dgln.System ermittelt werden.

Aufgaben: 22.1 - 22.12

23. Systeme linearer Differentialgleichungen und Varation der Konstanten

23.1 Systeme linearer Differentialgleichungen

Ein System linearer Dgln. erster Ordnung hat die Form

$$y_1' = a_{11}(x)y_1 + a_{12}(x)y_2 + \ldots + a_{1n}(x)y_n + b_1(x)$$
$$y_2' = a_{21}(x)y_1 + a_{22}(x)y_2 + \ldots + a_{2n}(x)y_n + b_2(x)$$
$$\vdots$$
$$y_n' = a_{n1}(x)y_1 + a_{n2}(x)y_2 + \ldots + a_{nn}(x)y_n + b_n(x)$$

In Matrizenschreibweise

$$\vec{y}\,' = A(x)\vec{y} + \vec{b}$$

Spezialfall: Systeme linearer Dgln. erster Ordnung mit konstanten Koeffizienten. Bei diesen Dgln. sind die Funktionen $a_{ij}(x) = a_{ij}$ Konstante (siehe Kapitel 22).

Für Systeme linearer Dgln. mit nicht konstanten Koeffizienten gibt es kein geschlossenes Verfahren zur Bestimmung der allge= meinen Lösung $\vec{y}_h$ der zugehörigen homogenen Dgl. $\vec{y}\,' = A(x)\vec{y}$.

Kennt man die allgemeine Lösung $\vec{y}_h$ des homogenen Dgln. Systems, dann kann man stets eine partikuläre Lösung $\vec{y}_p$ des inhomogenen Dgln. Systems durch die Methode der Variation der Konstanten bestimmen. Die allgemeine Lösung des inhomogenen Dgln. Systems lautet dann:

$$\vec{y} = \vec{y}_h + \vec{y}_p \,.$$

<u>Bemerkung:</u> Zu einem homogenen System von n linearen Dgln. erster Ordnung gibt es immer n linear unabhängige Lösungsvektoren $\vec{y}_{h1}, \vec{y}_{h2}, \ldots, \vec{y}_{hn}$. Einen solchen Satz von linear unabhängigen Lösungen nennt man ein <u>Fundamentalsystem</u> oder eine <u>Lösungsbasis</u>. Die allgemeine Lösung des homogenen Systems ist dann eine allgemeine Linearkombination der $\vec{y}_{hi}$:

$$\vec{y}_h = c_1\vec{y}_{h1} + c_2\vec{y}_{h2} + \ldots + c_n\vec{y}_{hn}$$

Ob ein Satz von n Lösungen ein Fundamentalsystem bildet, prüft man mit der Wronski Determinante nach: es muß gelten

$$W(x) = \left|(\vec{y}_{h1}, \vec{y}_{h2}, \ldots, \vec{y}_{hn})\right| \neq 0$$

23.2 Variation der Konstanten

Zur Bestimmung einer partikulären Lösung $\vec{y}_p$ des inhomogenen Systems von n linearen Dgln. erster Ordnung $\vec{y}' = A(x)\vec{y} + \vec{b}$ benötigt man ein Fundamentalsystem $\vec{y}_{h1}, \vec{y}_{h2}, \ldots, \vec{y}_{hn}$ des zugehörigen homogenen Dgln.Systems $\vec{y}' = A(x)\vec{y}$.

Die allgemeine Lösung des homogenen Dgln.Systems lautet

$$\vec{y}_h = c_1\vec{y}_{h1} + c_2\vec{y}_{h2} + \ldots + c_n\vec{y}_{hn} \quad \text{oder}$$

$$\vec{y}_h = (\vec{y}_{h1}, \vec{y}_{h2}, \ldots, \vec{y}_{hn})\vec{c} \quad \text{mit} \quad \vec{c} = \begin{pmatrix} c_1 \\ \vdots \\ c_n \end{pmatrix}$$

Eine partikuläre Lösung $\vec{y}_p$ des inhomogenen Systems lautet

$$\vec{y}_p = (\vec{y}_{h1}, \vec{y}_{h2}, \ldots, \vec{y}_{hn})\vec{u}(x) \quad \text{mit } \vec{u}(x) = \begin{pmatrix} u_1(x) \\ \vdots \\ u_n(x) \end{pmatrix}$$

"Variation der Konstanten":

Man ersetzt formal in $\vec{y}_h$ den Konstantenvektor $\vec{c}$ durch einen Funktionenvektor $\vec{u}(x)$. Den Funktionenvektor $\vec{u}(x)$ bestimmt man, wie folgt; die Ableitung $\vec{u}'(x)$ erhält man als Lösung des linea= ren Gleichungssystems

$$(\vec{y}_{h1}, \vec{y}_{h2}, \ldots, \vec{y}_{hn})\vec{u}'(x) = \vec{b}(x)$$

Den Funktionenvektor $\vec{u}(x)$ erhält man durch Integration

$$\vec{u}(x) = \int \vec{u}'(x)\,dx\,.$$

Beispiel 23.1.1: Gegeben sei das System

$$\begin{pmatrix} y_1' \\ y_2' \end{pmatrix} = \begin{pmatrix} \frac{1}{x}\sin^2 x & \cos x \sin x + x \\ \frac{1}{x^2}\sin x \cos x - \frac{1}{x} & -\frac{1}{x}\sin^2 x \end{pmatrix} \cdot \begin{pmatrix} y_1 \\ y_2 \end{pmatrix} + \begin{pmatrix} -x \\ 1 \end{pmatrix}$$

a) Man zeige, daß

$$(\vec{y}_{h1}, \vec{y}_{h2}) = \begin{pmatrix} x\sin x & -\cos x \\ \cos x & \frac{1}{x}\sin x \end{pmatrix}$$

eine Lösungsbasis des homogenen Systems ist.

b) Man löse das inhomogene System mit den Anfangsbedingungen

$$\begin{pmatrix} y_1(\frac{\pi}{2}) \\ y_2(\frac{\pi}{2}) \end{pmatrix} = \begin{pmatrix} \pi \\ 1 + \frac{2}{\pi} \end{pmatrix}$$

Lösung:

a) Damit $(\vec{y}_{h1}, \vec{y}_{h2})$ eine Lösungsbasis des homogenen Systems ist, muß gelten

(1) $\vec{y}\,'_{h1} = A(x)\vec{y}_{h1}$, $\quad \vec{y}\,'_{h2} = A(x)\vec{y}_{h2}$ und

(2) $W(x) = \left|(\vec{y}_{h1}, \vec{y}_{h2})\right| \neq 0$.

Dies prüft man durch Ausrechnen nach.

(1) $$\vec{y}\,'_{h1} = \begin{pmatrix} \sin x + x\cos x \\ -\sin x \end{pmatrix}, \quad \vec{y}\,'_{h2} = \begin{pmatrix} \sin x \\ -\frac{1}{x^2}\sin x + \frac{1}{x}\cos x \end{pmatrix}$$

$$A(x)\vec{y}_{h1} = \begin{pmatrix} \frac{1}{x}\sin^2 x & \cos x \sin x + x \\ \frac{1}{x^2}\sin x\cos x - \frac{1}{x} & -\frac{1}{x}\sin^2 x \end{pmatrix} \begin{pmatrix} x\sin x \\ \cos x \end{pmatrix} =$$

$$= \begin{pmatrix} \sin x + x\cos x \\ -\sin x \end{pmatrix}$$

$$A(x)\vec{y}_{h2} = \begin{pmatrix} \frac{1}{x}\sin^2 x & \cos x \sin x + x \\ \frac{1}{x^2}\sin x\cos x - \frac{1}{x} & -\frac{1}{x}\sin^2 x \end{pmatrix} \begin{pmatrix} -\cos x \\ \frac{1}{x}\sin x \end{pmatrix} =$$

$$= \begin{pmatrix} \sin x \\ -\frac{1}{x^2}\sin x + \frac{1}{x}\cos x \end{pmatrix}$$

(2) $$W(x) = \begin{vmatrix} x\sin x & -\cos x \\ \cos x & \frac{1}{x}\sin x \end{vmatrix} = \sin^2 x + \cos^2 x = 1 \neq 0$$

b) Lösung des inhomogenen Systems durch Variation der Konstanten

$$\vec{y}_p(x) = (\vec{y}_{h1}, \vec{y}_{h2})\,\vec{u}(x)$$

Die Ableitung $\vec{u}\,'(x)$ erhält man durch Lösen des linearen Gleichungssystems $(\vec{y}_{h1}, \vec{y}_{h2})\,\vec{u}\,'(x) = \vec{b}(x)$, das ist hier

$$\begin{pmatrix} x\sin x & -\cos x \\ \cos x & \frac{1}{x}\sin x \end{pmatrix} \cdot \begin{pmatrix} u'_1(x) \\ u'_2(x) \end{pmatrix} = \begin{pmatrix} -x \\ 1 \end{pmatrix}$$

oder komponentenweise

$$x \sin x \, u_1'(x) - \cos x \, u_2'(x) = -x$$
$$\cos x \, u_1'(x) + \frac{1}{x} \sin x \, u_2'(x) = 1$$

Multiplikation der 1.Gleichung mit $\sin x$, Multiplikation der 2.Gleichung mit $x \cdot \cos x$ und Addition ergibt

$$(x \sin^2 x + x \cos^2 x) \, u_1'(x) = - x \cdot \sin x + x \cdot \cos x$$

also $$u_1'(x) = \cos x - \sin x$$

Multiplikation der 1.Gleichung mit $-\cos x$, Multiplikation der 2.Gleichung mit $x \sin x$ und Addition ergibt

$$(\cos^2 x + \sin^2 x) \, u_2'(x) = x \cos x + x \sin x$$

also $$u_2'(x) = x \cos x + x \sin x$$

Durch Integration erhält man

$$u_1(x) = \sin x + \cos x$$
$$u_2(x) = (1+x) \sin x + (1-x) \cos x$$

Eine partikuläre Lösung $\vec{y}_p$ des inhomogenen Dgln. Systems lautet somit

$$\vec{y}_p = (\vec{y}_{h1}, \vec{y}_{h2}) \, \vec{u}(x) = \begin{pmatrix} x \sin x & -\cos x \\ \cos x & \frac{1}{x} \sin x \end{pmatrix} \begin{pmatrix} \sin x + \cos x \\ (1+x) \sin x + (1-x) \cos x \end{pmatrix} =$$
$$= \begin{pmatrix} x - \cos^2 x - \sin x \cos x \\ 1 + \frac{1}{x} \sin^2 x + \frac{1}{x} \sin x \cos x \end{pmatrix}$$

Die allgemeine Lösung des inhomogenen Dgln. Systems lautet somit

$$\vec{y} = \vec{y}_h + \vec{y}_p = c_1 \begin{pmatrix} x \sin x \\ \cos x \end{pmatrix} + c_2 \begin{pmatrix} -\cos x \\ \frac{1}{x} \sin x \end{pmatrix} + \begin{pmatrix} x - \cos^2 x - \sin x \cos x \\ 1 + \frac{1}{x} \sin^2 x + \frac{1}{x} \sin x \cos x \end{pmatrix}$$

Anpassen an die Anfangsbedingungen

$$\begin{pmatrix} y_1(\frac{\pi}{2}) \\ y_2(\frac{\pi}{2}) \end{pmatrix} = \begin{pmatrix} \pi \\ 1 + \frac{2}{\pi} \end{pmatrix}$$

führt auf das Gleichungssystem für c_1 und c_2:

$$\left. \begin{aligned} c_1 \cdot \frac{\pi}{2} + c_2 \cdot 0 + \frac{\pi}{2} - 0 - 0 &= \pi \\ c_1 \cdot 0 + c_2 \frac{2}{\pi} + 1 + \frac{2}{\pi} + 0 &= 1 + \frac{2}{\pi} \end{aligned} \right\} \Rightarrow \begin{aligned} c_1 &= 1 \\ c_2 &= 0 \end{aligned}$$

Somit lautet die Lösung des Anfangswertproblems

$$\begin{pmatrix} y_1(x) \\ y_2(x) \end{pmatrix} = \begin{pmatrix} x + x \sin x - \cos^2 x - \sin x \cos x \\ 1 + \cos x + \frac{1}{x} \sin^2 x + \frac{1}{x} \sin x \cos x \end{pmatrix}$$

Aufgaben: 23.1 - 23.2

24. Reduktion der Ordnung

Eine homogene lineare Dgl. 2. Ordnung

$$a_2(x)\,y'' + a_1(x)\,y' + a_o(x)\,y = 0$$

besitzt zwei linear unabhängige Lösungen y_1 und y_2. Kennt man eine Lösung y_1, so kann man durch "Reduktion der Ordnung" eine zweite, von y_1 unabhängige Lösung y_2 bestimmen:

Der Reduktionsansatz

$$y_2(x) = u(x)\cdot y_1(x)$$

eingesetzt in Dgl., liefert für $v = u'$ die Dgl.

$$a_2(x)\,y_1 v' + (2a_2(x)\,y_1' + a_1(x)\,y_1)\,v = 0$$

Diese Dgl. 1.Ordnung für v löst man (etwa) durch "Trennung der Veränderlichen" (siehe Kapitel 26.1). Man erhält daraus die Funktion u durch Integration $u(x) = \int v(x)\,dx$ und damit

$$y_2(x) = u(x)\,y_1(x).$$

Beispiel 24.1: Die Dgl. $x^2y'' - 2x\,y' + (x^2 + 2)\,y = 0$ besitzt eine Lösung

$$y_1(x) = x\cdot\sin x\ .$$

Man bestimme die allgemeine Lösung der Dgl.

Lösung: Die Dgl. $\underbrace{x^2}_{a_2(x)}y'' \underbrace{-2x}_{a_1(x)}y' + \underbrace{(x^2 + 2)}_{a_o(x)}y = 0$

ist linear, homogen und von 2. Ordnung. Eine zweite, von y_1 unabhängige Lösung y_2 erhält man durch Reduk= tion der Ordnung. Die zugehörige Dgl. für v hier mit

$$y_1 = x\cdot\sin x \quad \text{und} \quad y_1' = \sin x + x\cdot\cos x :$$

$$x^2\cdot x\cdot\sin x\cdot v' + (2x^2(\sin x + x\cdot\cos x) + (-2x)\,x\cdot\sin x\,)\,v = 0$$

oder $\quad x^3\cdot\sin x\cdot v' + 2x^3\cos x\cdot v = 0$

Trennung der Veränderlichen: $\dfrac{dv}{v} = -2\,\dfrac{\cos x}{\sin x}\,dx \Rightarrow$

$$\ln|v| = -2\ln|\sin x| \Rightarrow v = \frac{1}{\sin^2 x}$$

Bestimmung von u: $u = \int v(x)\,dx = \int \frac{dx}{\sin^2 x} = -\operatorname{ctg} x$

Bestimmung von y_2: $y_2 = u \cdot y_1 = -\operatorname{ctg} x \cdot x \cdot \sin x = -x \cdot \cos x$

Allgemeine Lösung der Dgl.: $y = c_1 x \cdot \sin x + c_2 x \cdot \cos x$.

Bemerkung: Auch bei linearen homogenen Dgln. höherer Ordnung kann man die Methode der Reduktion der Ordnung verwenden. Kennt man eine Lösung y_1 der linearen homogenen Dgl. n-ter Ordnung, so erhält man mit dem Reduktionsansatz

$$y_2(x) = u(x) \cdot y_1(x)$$

durch Einsetzen in die Dgl. für $v(x) = u'(x)$ eine Dgl. (n-1)-ter Ordnung.

Aufgaben: 24.1 - 24.5

25. Potenzreihenansatz

Bei einer Differentialgleichung, für die man kein geschlossenes Lösungsverfahren hat, kann man die unbekannte Funktion als eine Potenzreihe ansetzen.

$$y(x) = \sum_{n=0}^{\infty} a_n x^n$$

(Entwicklungsstelle $x_o = 0$)

Dieser Ansatz wird genügend oft differenziert und in die Dgl. eingesetzt. Die unbekannten Koeffizienten $a_o, a_1, a_2, \ldots$ bestimmt man durch Koeffizientenvergleich.

Beispiel 25.1: $y'' + xy' + y = 0$

Lösung durch Potenzreihenansatz:

1.Schritt: $y(x) = \sum_{n=0}^{\infty} a_n x^n$

Man benötigt die Ableitungen $y'(x)$ und $y''(x)$:

$$y'(x) = \sum_{n=1}^{\infty} n\,a_n x^{n-1}$$

$$y''(x) = \sum_{n=2}^{\infty} n(n-1)a_n x^{n-2}$$

2.Schritt: Einsetzen in die Dgl.:

$$\sum_{n=2}^{\infty} n(n-1)a_n x^{n-2} + x\cdot\sum_{n=1}^{\infty} n\,a_n x^{n-1} + \sum_{n=0}^{\infty} a_n x^n = 0$$

$$\sum_{n=2}^{\infty} n(n-1)a_n x^{n-2} + \sum_{n=1}^{\infty} n\,a_n x^n + \sum_{n=0}^{\infty} a_n x^n = 0$$

3.Schritt: Erzeugen einheitlicher Potenzen x^n in allen Summen: Während die beiden letzten Summen bereits die gewünschte Form haben, treten in der ersten Summe Potenzen x^{n-2} auf.

Transformation des Summationsindexes: $k = n - 2$

Dann ist $n = k + 2$ und aus der ersten Summe wird:

$$\sum_{n=2}^{\infty} n(n-1)a_n x^{n-2} = \sum_{k+2=2}^{\infty} (k+2)(k+2-1)a_{k+2}x^{k+2-2}$$

$$= \sum_{k=0}^{\infty} (k+2)(k+1)a_{k+2}x^k$$

Jetzt kann man an Stelle von k ganz formal n schreiben:

$$= \sum_{n=0}^{\infty} (n+2)(n+1)a_{n+2}x^n$$

Damit erhält man:

$$\sum_{n=0}^{\infty} (n+2)(n+1)a_{n+2}x^n + \sum_{n=1}^{\infty} n\, a_n x^n + \sum_{n=0}^{\infty} a_n x^n = 0$$

4.Schritt: Zusammenfassen aller Glieder mit x^n unter ein Summenzeichen; diejenigen Potenzen von x, die nicht in allen Summen auftreten, werden geson= dert addiert. Hier treten Glieder mit x^o nur in der ersten und dritten, nicht aber in der zweiten Summe auf. Diese werden abgespalten:

$$2\cdot 1\cdot a_2 x^o + \sum_{n=1}^{\infty} (n+2)(n+1)a_{n+2}x^n + \sum_{n=1}^{\infty} n\, a_n x^n +$$

$$+ a_o x^o + \sum_{n=1}^{\infty} a_n x^n = 0 \quad \Rightarrow$$

$$(2a_2 + a_o)x^o + \sum_{n=1}^{\infty} ((n+2)(n+1)a_{n+2} + (n+1)a_n)x^n = 0$$

5.Schritt: Koeffizientenvergleich:

x^o: $2a_2 + a_o = 0$

x^n: $(n+2)(n+1)a_{n+2} + (n+1)a_n = 0, \; n = 1, 2, 3, \ldots \Rightarrow$

Indem man die Koeffizienten mit höherem Index auf der linken Seite isoliert, erhält man Rekursionsformeln für die a_n:

$a_2 = -\frac{1}{2}a_o$

$a_{n+2} = -\frac{1}{n+2}a_n, \quad n = 1, 2, 3, \ldots$

6.Schritt: Explizite Darstellung der a_n:

$$a_2 = -\frac{1}{2} a_o$$
$$a_3 = -\frac{1}{3} a_1$$
$$a_4 = -\frac{1}{4} a_2 = \frac{1}{4}\cdot\frac{1}{2} a_o$$
$$a_5 = -\frac{1}{5} a_3 = \frac{1}{5}\cdot\frac{1}{3} a_1$$
$$a_6 = -\frac{1}{6} a_4 = -\frac{1}{6}\cdot\frac{1}{4}\cdot\frac{1}{2} a_o$$
$$a_7 = -\frac{1}{7} a_5 = -\frac{1}{7}\cdot\frac{1}{5}\cdot\frac{1}{3} a_1$$

.
.
.

Allgemein:

für gerades $n = 2m$

$$a_{2m} = \frac{-1}{2m} a_{2m-2} = (-1)^m \frac{1}{2m\cdot(2m-2)\cdot\ldots\cdot 4\cdot 2} a_o, \quad m=1,2,\ldots$$

für ungerades $n = 2m + 1$

$$a_{2m+1} = \frac{-1}{2m+1} a_{2m-1} = (-1)^m \frac{1}{(2m+1)\cdot(2m-1)\ldots 3\cdot 1} a_1, \quad m=1,2,\ldots$$

(Streng genommen ist dieses Bildungsgesetz durch vollständige Induktion zu beweisen.)

Die Koeffizienten a_o und a_1 werden durch keine Gleichung bestimmt. Sie sind frei wählbare Parameter.

7.Schritt: Einsetzen der berechneten Koeffizienten in den Ansatz:

$$y(x) = a_o + a_1 x - \frac{1}{2} a_o x^2 - \frac{1}{3\cdot 1} a_1 x^3 + \frac{1}{4\cdot 2} a_o x^4 + \frac{1}{5\cdot 3\cdot 1} a_1 x^5 \pm \ldots$$

Zusammenfassen der Glieder mit gleichem Parameter a_o bzw. a_1:

$$y(x) = a_o\left(1 - \frac{1}{2} x^2 + \frac{1}{4\cdot 2} x^4 \mp \ldots\right) + a_1\left(x - \frac{1}{3\cdot 1} x^3 + \frac{1}{5\cdot 3\cdot 1} x^5 \pm \ldots\right)$$

allgemein:

$$y(x) = a_o \sum_{m=0}^{\infty} (-1)^m \frac{1}{2m(2m-2)\ldots 4\cdot 2} x^{2m} +$$
$$+ a_1 \sum_{m=0}^{\infty} (-1)^m \frac{1}{(2m+1)\cdot(2m-1)\ldots 3\cdot 1} x^{2m+1}$$

8.Schritt: Können Summen durch geschlossene Ausdrücke dargestellt werden ?

Die erste Summe kann man, wie folgt, umformen:

$$a_o \sum_{m=0}^{\infty} (-1)^m \frac{1}{2m(2m-2)\ ...\ 4\,2} x^{2m} =$$

$$= a_o \sum_{m=0}^{\infty} (-1)^m \frac{1}{2^m m(m-1)\ ...\ 2\cdot 1} x^{2m} =$$

$$= a_o \sum_{m=0}^{\infty} \frac{1}{m!} \left(-\frac{x^2}{2}\right)^m = a_o e^{-\frac{x^2}{2}} .$$

Für die zweite Summe findet man keine geschlossene Darstellung.

9.Schritt: Konvergenz ?

Die erste Reihe, die als $a_o e^{-\frac{x^2}{2}}$ darstellbar ist, konvergiert für alle x, d.h. $\rho_1 = \infty$.

Den Konvergenzradius der zweiten Reihe berechnet man nach der Quotientenformel:

$$\rho_2 = \frac{1}{\lim\left|\frac{a_{2m+1}}{a_{2m-1}}\right|} = \frac{1}{\lim \frac{1}{2m+1}} = \infty .$$

<u>Beispiel 25.2:</u> $x y'' + 2 y' + x y = x$

Lösung durch Potenzreihenansatz:

1.Schritt: $y(x) = \sum_{n=0}^{\infty} a_n x^n$

$$y'(x) = \sum_{n=1}^{\infty} n\, a_n x^{n-1}$$

$$y''(x) = \sum_{n=2}^{\infty} n(n-1) a_n x^{n-2}$$

2.Schritt: Einsetzen in Dgl.:

$$\sum_{n=2}^{\infty} n(n-1)a_n x^{n-1} + \sum_{n=1}^{\infty} 2n\, a_n x^{n-1} + \sum_{n=0}^{\infty} a_n x^{n+1} = x$$

3.Schritt: Erzeugen einheitlicher Potenzen x^n in allen Summen: Transformation des Summenindexes der ersten beiden Summen $k = n - 1$. Dann ist $n = k + 1$ und aus den ersten beiden Summen wird:

$$\sum_{n=2}^{\infty} n(n-1)a_n x^{n-1} = \sum_{k+1=2}^{\infty} (k+1)k\, a_{k+1}x^k = \sum_{k=1}^{\infty} (k+1)k\, a_{k+1}x^k$$

$$\sum_{n=1}^{\infty} 2n\, a_n x^{n-1} = \sum_{k+1=1}^{\infty} 2(k+1)a_{k+1}x^k = \sum_{k=0}^{\infty} 2(k+1)a_{k+1}x^k$$

Transformation des Summenindexes der dritten Summe: $k = n + 1$.
Dann ist $n = k - 1$ und aus der dritten Summe wird:

$$\sum_{n=0}^{\infty} a_n x^{n+1} = \sum_{k-1=0}^{\infty} a_{k-1}x^k = \sum_{k=1}^{\infty} a_{k-1}x^k$$

Jetzt kann man in allen Summen an Stelle von k ganz formal n schreiben:
So erhält man:

$$\sum_{n=1}^{\infty} (n+1)n\, a_{n+1}x^n + \sum_{n=0}^{\infty} 2(n+1)a_{n+1}x^n + \sum_{n=1}^{\infty} a_{n-1}x^n = x$$

4.Schritt: Zusammenfassen aller Glieder mit x^n unter ein Summenzeichen; diejenigen Potenzen von x, die nicht in allen Summen auftreten, werden gesondert addiert (hier die Potenz x^0 in der zweiten Summe).

$$2a_1x^0 + \sum_{n=1}^{\infty} ((n+1)n\, a_{n+1} + 2(n+1)a_{n+1} + a_{n-1})\, x^n = x$$

$$2a_1x^0 + \sum_{n=1}^{\infty} ((n+1)(n+2)a_{n+1} + a_{n-1})x^n = 0 + 1\cdot x + 0\cdot x^2 + 0\cdot x^3 + \ldots$$

5.Schritt: Koeffizientenvergleich:

x^0: $2a_1 = 0$

x^1: $(1+1)(1+2)a_{1+1} + a_{1-1} = 1$

$n = 2, 3, \ldots$

x^n: $(n+1)(n+2)a_{n+1} + a_{n-1} = 0$

Hieraus erhält man Rekursionsformeln für die a_n:

$$a_1 = 0$$
$$a_2 = \frac{1}{2\cdot 3}(1 - a_o)$$
$$a_3 = -\frac{1}{3\cdot 4}a_1$$
$$\vdots$$
$$a_{n+1} = -\frac{a_{n-1}}{(n+1)(n+2)} \qquad n = 2, 3, \ldots$$

6.Schritt: Explizite Darstellung der a_n:

$$a_1 = 0$$
$$a_2 = \frac{1}{2\cdot 3}(1 - a_o)$$
$$a_3 = -\frac{a_1}{3\cdot 4} = 0$$
$$a_4 = -\frac{a_2}{4\cdot 5} = -\frac{1}{2\cdot 3\cdot 4\cdot 5}(1 - a_o)$$
$$a_5 = -\frac{a_3}{5\cdot 6} = 0$$
$$a_6 = -\frac{a_4}{6\cdot 7} = +\frac{1}{2\cdot 3\cdot 4\cdot 5\cdot 6\cdot 7}(1 - a_o)$$
$$\vdots$$

Allgemein:

für $n + 1 = 2m$; $m = 1, 2, \ldots$

$$a_{2m} = -\frac{a_{2m-2}}{2m(2m+1)} = (-1)^{m-1}\frac{1}{2\cdot 3\cdot 4\cdot\ldots\cdot(2m)\cdot(2m+1)}(1 - a_o) = $$
$$= (-1)^{m-1}\frac{1}{(2m+1)!}(1 - a_o)$$

für $n = 2m$; $m = 1, 2, \ldots$

$$a_{2m+1} = -\frac{a_{2m-1}}{(2m+1)(2m+2)} = 0$$

Der Koeffizient a_o wird durch keine Gleichung bestimmt. Er ist frei wählbarer Parameter.

7.Schritt: Einsetzen der berechneten Koeffizienten in den Ansatz:

$$y(x) = a_o + 0\,x^1 + \frac{1}{3!}\cdot(1 - a_o)x^2 + 0\,x^3 - \frac{1}{5!}\cdot(1 - a_o)x^4 \pm \ldots =$$
$$= a_o + (1 - a_o)\sum_{m=1}^{\infty}(-1)^{m-1}\frac{1}{(2m+1)!}x^{2m}$$

8.Schritt: Geschlossener Ausdruck

Die Sinusreihe kann erreicht werden:

$$y(x) = a_o + \frac{(1 - a_o)}{(-x)} \sum_{m=0}^{\infty} (-1)^m \frac{1}{(2m+1)!} x^{2m+1} - \frac{(1 - a_o)}{(-x)} \cdot x$$

$$y(x) = 1 + (a_o - 1) \frac{\sin x}{x}$$

9.Schritt: Konvergenz ?

Den Konvergenzradius der Reihe berechnet man nach der Qutientenformel:

$$\rho = \frac{1}{\lim \left| \frac{a_{2m}}{a_{2m-2}} \right|} = \frac{1}{\lim 2m(2m+1)} = \infty$$

Bemerkung 1: Im letzten Beispiel 25.2 war eine Dgl. 2.Ordnung gegeben. Wir wissen, daß die allgemeine Lösung zwei frei wählbare Parameter enthält (siehe Kapitel 21). Durch unseren Potenzreihenansatz erhielten wir eine Lösung, die nur einen freien Parameter enthält. Zur allgemeinen Lösung fehlt also noch ein Lösungsanteil. Diesen wird man hier, da man eine Lösung bereits kennt, durch Reduktion der Ordnung bestimmen (Kapitel 24) . Von der zugehörigen homogenen Dgl. kennt man hier die Lösung $\frac{\sin x}{x}$. Man erhält so die wei= tere Lösung $y_2(x) = \frac{\cos x}{x}$ und hat dann die allgemeine Lösung der inhomogenen Dgl.:

$$y(x) = 1 + \alpha \frac{\sin x}{x} + \beta \frac{\cos x}{x} .$$

Bemerkung 2: Wenn Anfangsbedingungen vorgegeben sind, so hat man zwei Möglichkeiten, diese in die Lösung ein= zuarbeiten. Entweder man bestimmt zunächst die allgemeine Lösung der Dgl. und legt die freien Parameter durch die Anfangsbedingungen fest, oder - und das ist beim Potenzreihenansatz zu empfehlen - man arbeitet diese Anfangsbedingun= gen bereits in den Potenzreihenansatz mit ein.

Beispiel 25.3: $y'' - 2 \cdot x \cdot y' + 6 \cdot y = 0$; $y(0) = 0$, $y'(0) = 1$

Lösung durch Potenzreihenansatz

1.Schritt: $y(x) = \sum_{n=0}^{\infty} a_n x^n$

$y'(x) = \sum_{n=1}^{\infty} n\, a_n x^{n-1}$

$y''(x) = \sum_{n=2}^{\infty} n(n-1)x^{n-2}$

Einarbeiten der Anfangsbedingungen:

$y(0) = 0 \Rightarrow 0 = a_o + a_1 \cdot 0 + a_2 \cdot 0 + \ldots \Rightarrow a_o = 0$

$y'(0) = 1 \Rightarrow 1 = a_1 + 2 \cdot a_2 \cdot 0 + \ldots \Rightarrow a_1 = 1$

2.Schritt: Einsetzen in Dgl.:

$$\sum_{n=2}^{\infty} n \cdot (n-1) a_n x^{n-2} - \sum_{n=1}^{\infty} 2 \cdot n a_n x^n + \sum_{n=0}^{\infty} 6 \cdot a_n x^n = 0$$

3.und 4.Schritt: Erzeugen einheitlicher Potenzen x^n und Zusammenfassen:

$$(2a_2 + 6a_o) + \sum_{n=1}^{\infty} ((n+2)(n+1)a_{n+2} - 2\,na_n + 6a_n)x^n = 0$$

5.Schritt: Koeffizientenvergleich liefert:

$a_2 = -3a_o$

$a_{n+2} = 2 \cdot \frac{n-3}{(n+2)(n+1)} \cdot a_n$, $n = 1, 2, \ldots$

6.Schritt: Explizite Darstellung:

$a_o = 0$, $a_1 = 1$ aus den Anfangsbedingungen,

$a_2 = -3a_o = 0$

$a_3 = 2 \cdot \frac{-2}{3 \cdot 2} \cdot a_1 = -\frac{2}{3}$

$a_4 = 2 \cdot \frac{-1}{4 \cdot 3} \cdot a_2 = 0$

$a_5 = 2 \cdot \frac{0}{5\,4} \cdot a_3 = 0$

$a_6 = 0$

.
.
.

Allgemein: $a_n = 0$ für $n \geq 4$.

7.Schritt: Lösung $y(x) = x - \frac{2}{3}x^3$.

Bemerkung 3: Ist eine Dgl. mit Hilfe des Potenzreihenansatzes

$$y(x) = \sum_{n=0}^{\infty} a_n(x - x_o)^n$$ um die Entwicklungsstelle

x_o zu lösen, so empfiehlt sich die Variablen=transformation $t = x - x_o$,

$$y(t) = \sum_{n=0}^{\infty} a_n t^n .$$

Beispiel 25.4: Man löse das Anfangswertproblem

$$y'' - 2(x-1)y' + 6y \; , \; y(1) = 0, y'(1) = 1$$

mit Hilfe eines Potenzreihenansatzes um die Entwicklungsstelle $x_o = 1$.

Lösung: Variablentransformation $t = x - 1$

Damit erhält die Differentialgleichung die Form

$$\ddot{y} - 2t\dot{y} + 6y = 0$$

und die Anfangsbedingungen

$y = 0$ und $y' = 1$ an der Stelle $x = 1$ gehen über

in die Anfangsbedingungen

$y = 0$ und $\dot{y} = 1$ an der Stelle $t = 0$.

Für dieses Anfangswertproblem wurde die Lösung im Beispiel 25.3 bestimmt:

$$y(t) = t - \frac{2}{3}t^3$$

Rücktransformation $t = x - 1$ ergibt:

$$y = (x-1) - \frac{2}{3}(x-1)^3 .$$

Aufgaben: 25.1 - 25.5

26. Lösungsverfahren für spezielle Differentialgleichungen

26.1 Trennung der Veränderlichen

Typ: $y' = g(x) \cdot h(y)$

Bei diesem speziellen Typ einer Dgl. kann man die Ausdrücke in y auf der linken Seite, die Ausdrücke in x auf der rech= ten Seite isolieren:

$$\frac{dy}{dx} = g(x) \cdot h(y)$$

$$\Rightarrow \quad \frac{1}{h(y)}\, dy = g(x)\, dx$$

Integration liefert (implizit) die allgemeine Lösung

$$\int \frac{1}{h(y)}\, dy = \int g(x)\, dx + C$$

Beispiel 26.1: $(1 + e^x)\, y\, y' = e^x, \quad y(0) = 1$

Lösung: Bei dieser Dgl. lassen sich die Ausdrücke in y auf der linken Seite, die in x auf der rechten Seite isolieren:

$$y\, dy = \frac{e^x}{1 + e^x}\, dx$$

$$\int y\, dy = \int \frac{e^x}{1 + e^x}\, dx + C$$

Mit der Substitution

$$u = 1 + e^x$$

$$du = e^x\, dx$$

auf der rechten Seite wird

$$\frac{1}{2}\, y^2 = \int \frac{1}{u}\, du + C = \ln|u| + C = \ln(1 + e^x) + C$$

also $\quad y^2 = 2 \ln(1 + e^x) + C$

Anfangsbedingung: $y(0) = 1$

$$\Rightarrow \quad 1 = 2 \ln 2 + C \Rightarrow C = 1 - 2 \ln 2$$

also $\quad y^2 = 1 + 2 \ln \frac{1 + e^x}{2}$

26.2 Bernoulli - Differentialgleichung

Typ: $y' + p(x)\,y + q(x)\,y^r = 0$, $r \neq 1$

Transformation $z = y^{1-r}$ führt auf die Dgl. für z:

$$z' + (1-r)p(x)\cdot z = -(1-r)q(x)$$

Die zugehörige homogene Dgl. für z löst man durch Trennung der Veränderlichen (vergl. 26.1), die inhomogene Dgl. an= schließend durch Variation der Konstanten (vergl. 21.2). Rücktransformation liefert die gewünschte Lösung für y .

Beispiel 26.2: $y' + 2x\,y + 4\,e^{5x^2}y^6 = 0$

Lösung: Es liegt eine Bernoulli - Dgl. vor

mit $r = 6$, $p(x) = 2x$, $q(x) = 4\,e^{5x^2}$

1) Transformation $z = y^{-5}$

$$z' + (1-6)\cdot 2x\cdot z = -(1-6)\cdot 4e^{5x^2}$$

$$z' - 10x\cdot z = 20\,e^{5x^2}$$

2) Lösung der homogenen Dgl. $z' - 10x\,z = 0$ durch Trennung der Veränderlichen:

$$\frac{dz}{z} = 10x\,dx \Rightarrow \int\frac{dz}{z} = \int 10x\,dx + C$$

$$\ln|z| = 5x^2 + C \Rightarrow \quad z = A\,e^{5x^2}$$

Also lautet die Lösung der homogenen Dgl.: $z_h = A\,e^{5x^2}$

3) Lösung der inhomogenen Dgl.: $z' - 10x\,z = 20\,e^{5x^2}$ durch Variation der Konstanten:

$$z_p = u(x)\cdot e^{5x^2}$$

$$u'(x) = \frac{20\,e^{5x^2}}{1\cdot e^{5x^2}} = 20 \quad \Rightarrow$$

$$u(x) = 20x + C \quad \Rightarrow$$

$$(C = 0) \quad z_p = 20x\,e^{5x^2} \quad \Rightarrow$$

$$z = z_h + z_p = A\cdot e^{5x^2} + 20x\cdot e^{5x^2}$$

4) Rücktransformation: $y^{-5} = z \Rightarrow y = z^{-\frac{1}{5}} = e^{-x^2}(A + 20x)^{-\frac{1}{5}}$

26.3 Exakte Differentialgleichung, integrierender Faktor

26.3.1 Exakte Differentialgleichungen

Eine Differentialsgleichung 1.Ordnung

$$P(x, y) + Q(x, y)\, y' = 0$$

oder oft anders geschrieben

$$P(x, y)\, dx + Q(x, y)\, dy = 0 ,$$

die der sogenannten Integrabilitätsbedingung

$$\frac{\partial P(x, y)}{\partial y} = \frac{\partial Q(x, y)}{\partial x}$$

(oder anders geschrieben $P_y = Q_x$) genügt, heißt exakte oder totale Dgl.

Die allgemeine Lösung einer solchen Dgl. lautet

$$F(x, y) = C \qquad \text{(C beliebige Konstante)}$$

Die Funktion $F(x, y)$ bestimmt man, wie folgt:

Man integriert $P(x, y)$ nach x und $Q(x, y)$ nach y

$$F(x, y) = \int P(x, y)\, dx + g_1(y)$$

$$F(x, y) = \int Q(x, y)\, dy + g_2(x)$$

$g_1(y)$ und $g_2(x)$ bestimmt man durch Vergleich der beiden Darstellungen von $F(x, y)$. (Eine andere Möglichkeit zur Bestimmung eines "Potentials" $F(x, y)$ vergl. Kapitel 11, Band A).

Beispiel 26.3.1: $2x - \frac{1}{y} + \frac{x}{y^2}\, y' = 0$

Lösung: $P(x, y) = 2x - \frac{1}{y}$, $Q(x, y) = \frac{x}{y^2}$

Ist die Integrabilitätsbedingung erfüllt ?

$$P_y = \frac{1}{y^2}, \quad Q_x = \frac{1}{y^2} \Rightarrow P_y = Q_x$$

Also ist die Dgl. exakt.

Bestimmung von $F(x, y)$:

$$F(x, y) = \int P(x, y)\, dx + g_1(y) = \int (2x - \tfrac{1}{y})\, dx + g_1(y) = x^2 - \frac{x}{y} + g_1(y)$$

$$F(x, y) = \int Q(x, y)\, dy + g_2(x) = \int \frac{x}{y^2}\, dy + g_2(x) = -\frac{x}{y} + g_2(x)$$

Vergleich dieser beiden Darstellungen von $F(x, y)$ liefert:

$$g_1(y) = 0 \quad \text{und} \quad g_2(x) = x^2$$

Damit lautet die allgemeine Lösung der Dgl.:

$$x^2 - \frac{x}{y} = C$$

26.3.2 Integrierender Faktor

Ist die Dgl. $P(x, y)\,dx + Q(x, y)\,dy = 0$ nicht exakt (total), d.h. ist $P_y \neq Q_x$,
so läßt sich bisweilen ein sogenannter <u>integrierender Faktor</u> $\mu(x, y)$ bestimmen, so daß die mit dem Faktor $\mu(x, y)$ durch=multiplizierte Dgl.

$$P(x, y)\cdot\mu(x, y)\,dx + Q(x, y)\cdot\mu(x, y)\,dy = 0$$

eine exakte Dgl. wird.

a) Ist $\frac{P_y - Q_x}{Q} = f(x)$ eine Funktion von x allein, also unabhängig von y, so ist

$$\mu(x) = e^{\int f(x)\,dx}$$

ein nur von x abhängiger integrierender Faktor.

b) Ist $\frac{Q_x - P_y}{P} = g(y)$ eine Funktion von y allein, also unabhängig von x, so ist

$$\mu(y) = e^{\int g(y)\,dy}$$

ein nur von y abhängiger integrierender Faktor.

c) Wenn weder Fall a) noch Fall b) eintritt, so existiert bisweilen ein integrierender Faktor $\mu(x, y)$, der aber von x und y abhängt. Er muß der partiellen Dgl.

$$\frac{\partial(\mu P)}{\partial y} = \frac{\partial(\mu Q)}{\partial x}$$ genügen und ist i.a. schwer zu bestimmen.

Hat man nach a), b) oder c) einen integrierenden Faktor μ gefunden, so bestimmt man die allgemeine Lösung der mit μ durchmultiplizierten Dgl. wie in 26.3.1 . Diese ist auch allgemeine Lösung der Ausgangsdifferentialgleichung. (Möglicherweise ist durch $\frac{1}{\mu} = 0$ eine Funktion festgelegt. Man muß durch Einsetzen in die Ausgangsdgl. nachprüfen, ob diese eine weitere Lösung ist.)

Beispiel 26.3.2: $2x\,dx + (x^2 + 2y + y^2)\,dy = 0$

Lösung: $P(x,y) = 2x$, $Q(x,y) = x^2 + 2y + y^2$

Ist die Integrabilitätsbedingung erfüllt?

$$P_y = 0 \,, \quad Q_x = 2x \qquad P_y \neq Q_x$$

Folglich ist die Dgl. nicht exakt.

a) $\dfrac{P_y - Q_x}{Q} = \dfrac{0 - 2x}{x^2 + 2y + y^2}$ ist nicht Funktion von x allein, sondern hängt auch von y ab.

b) $\dfrac{Q_x - P_y}{P} = \dfrac{2x - 0}{2x} = 1 = g(y)$ ist unabhängig von x.

Also ist $\mu(y) = e^{\int g(y)\,dy} = e^{\int 1\,dy} = e^y$ ein integrierender Faktor.

Die durchmultiplizierte exakte Dgl. lautet also

$$2x\,e^y\,dx + (x^2 + 2y + y^2)\,e^y\,dy = 0$$

Lösung dieser Dgl. wie in 26.3.1:

$$F(x,y) = \int 2x\,e^y\,dx + g_1(y) = x^2\,e^y + g_1(y)$$

$$F(x,y) = \int (x^2 + 2y + y^2)\,e^y\,dy + g_2(x) = x^2 \cdot e^y + y^2 \cdot e^y + g_2(x)$$

Vergleich dieser beiden Darstellungen von $F(x,y)$ liefert:

$$g_1(y) = y^2\,e^y \quad \text{und} \quad g_2(x) = 0$$

Damit lautet die allgemeine Lösung der Dgl.

$$x^2 \cdot e^y + y^2 \cdot e^y = C$$

(Durch $\frac{1}{\mu} = e^{-y} = 0$ ist keine Funktion erklärt, da $e^{-y} > 0$ ist. Folglich gibt es keine weitere Lösung der Dgl.)

26.4 Ähnlichkeitsdifferentialgleichung

Typ: $y' = g\left(\frac{y}{x}\right)$

Die Substitution $z = \frac{y}{x}$ führt auf die Dgl. für z :

$$z' = \frac{1}{x}(g(z) - z)$$

Lösungen: a) Trennung der Veränderlichen führt auf

$$\int \frac{dz}{g(z) - z} = \ln|x| + C$$

Rücktransformation liefert die Lösungen für y.

b) Gelegentlich gibt es noch zusätzliche Lösungen: Man untersucht, ob die Gleichung $g(k) = k$ Lösungen hat. Für jede reelle Lösung k dieser Gleichung ist

$$y(x) = k \cdot x$$

Lösung der Dgl.

Beispiel 26.4.1: $y'x - y - \sqrt{x^2 - y^2} = 0$

Lösung: Es kann die Form einer Ähnlichkeitsdgl. erzeugt werden:

$$y' = \frac{y}{x} + \sqrt{1 - \left(\frac{y}{x}\right)^2}$$

Substitution $z = \frac{y}{x}$ führt auf:

$$z' = \frac{1}{x}\left(\left(z + \sqrt{1 - z^2}\right) - z\right)$$

a) $\int \frac{dz}{g(z) - z} = \int \frac{dz}{\sqrt{1 - z^2}} = \ln|x| + C \Rightarrow$

$$\arcsin z = \ln|x| + C \Rightarrow z = \sin(\ln|x| + C) \Rightarrow$$

$$y = x \cdot \sin(\ln|x| + C)$$

b) $g(k) = k$, d.h. $k + \sqrt{1 - k^2} = k \Rightarrow \sqrt{1 - k^2} = 0 \Rightarrow k = \pm 1$

Damit hat man die zusätzlichen Lösungen

$$y = x \quad \text{und} \quad y = -x$$

26.5 Weitere spezielle Differentialgleichungen erster Ordnung

1.) Typ: $y' = \frac{y}{x} + g(x)\,h(\frac{y}{x})$

Die Substitution $z = \frac{y}{x}$ führt auf die Dgl. für z :

$$z' \cdot x = g(x) \cdot h(z)$$

mit den Lösungen $\int \frac{dz}{h(z)} = \int \frac{g(x)}{x}\,dx + C$

2.) Typ: $y' = f(ax + by + c)$

Die Substitution $z = ax + by + c$ führt auf die Dgl. für z:

$$z' = a + b \cdot f(z)$$

mit den Lösungen $\int \frac{dz}{a + b\,f(z)} = x + C$

3.) Typ: $y' = h\left(\frac{a_1 x + b_1 y + c_1}{a_2 x + b_2 y + c_2}\right)$

Fall 1: $a_1 b_2 - a_2 b_1 \neq 0$

Man bestimmt die Lösung (x_0, y_0) des Gleichungssystems

$$a_1 x + b_1 y + c_1 = 0$$
$$a_2 x + b_2 y + c_2 = 0$$

Die Substitution $u = x - x_0$, $v = y - y_0$ führt auf die Dgl. für v(u):

$$\frac{dv}{du} = h\left(\frac{a_1 + b_1 \frac{v}{u}}{a_2 + b_2 \frac{v}{u}}\right)$$

Dies ist eine Ähnlichkeitsdgl., siehe 26.4 .

Fall 2: $a_1 b_2 - a_2 b_1 = 0$

Fall 2.1: $b_1 = b_2 = 0$. In diesem Fall ist

$$y = \int h\left(\frac{a_1 x + c_1}{a_2 x + c_2}\right) dx + C$$

Fall 2.2: $b_1 \neq 0$:

Die Substitution $z = \frac{a_1}{b_1} x + y$ führt auf eine Dgl. für z, die man durch Trennung der Ver=änderlichen löst.

<u>Fall 2.3:</u> $b_1 = 0,\ b_2 \neq 0$
Die Substitution $z = \frac{a_2}{b_2}x + y$ führt auf eine Dgl. für z, die man durch Trennung der Ver=änderlichen löst.

<u>Beispiel 26.5:</u> $y' = \frac{2x - y + 1}{x - 2y + 1}$

<u>Lösung:</u> Dies ist eine spezielle Dgl. vom Typ $y' = \frac{a_1x + b_1y + c_1}{a_2x + b_2y + c_2}$
mit $a_1b_2 - a_2b_1 = 2(-2) - 1(-1) = -3 \neq 0$
Bestimmung der Lösung (x_o, y_o) des Gleichungssystems

$$\left.\begin{array}{l} 2x - y + 1 = 0 \\ x - 2y + 1 = 0 \end{array}\right\} \quad x_o = -\frac{1}{3}\ , \quad y_o = \frac{1}{3}$$

Die Substitution $u = x + \frac{1}{3}$, $v = y - \frac{1}{3}$ führt auf die Dgl.

$$\frac{dv}{du} = h\left(\frac{a_1 + b_1\frac{v}{u}}{a_2 + b_2\frac{v}{u}}\right) = \frac{2 - \frac{v}{u}}{1 - 2\frac{v}{u}} = g\left(\frac{v}{u}\right)$$

Dies ist eine Ähnlichkeitsdgl.: Die Substitution $z = \frac{v}{u}$ führt auf die Dgl. für z:

$$z' = \frac{1}{u}(g(z) - z) = \frac{1}{u}\left(\frac{2 - z}{1 - 2z} - z\right) = \frac{1}{u}\cdot\frac{2 - 2z + 2z^2}{1 - 2z}$$

a) $\int \frac{dz}{g(z) - z} = \int \frac{1 - 2z}{2(1 - z + z^2)}\,dz = \ln|u| + C \quad \Longrightarrow$

$$-\frac{1}{2}\ln|1 - z + z^2| = \ln|u| + \ln\tilde{C} \quad \Longrightarrow$$

$$\frac{1}{\sqrt{1 - z + z^2}} = \tilde{C}u \Longrightarrow 1 - z + z^2 = \frac{1}{\tilde{C}^2u^2}$$

Rücksubstitutionen $z = \frac{v}{u} = \frac{y - \frac{1}{3}}{x + \frac{1}{3}}$, $u = x + \frac{1}{3}$

$$1 - \frac{y - \frac{1}{3}}{x + \frac{1}{3}} + \frac{(y - \frac{1}{3})^2}{(x + \frac{1}{3})^2} = \frac{1}{\tilde{C}^2(x + \frac{1}{3})^2}$$

$$(x + \tfrac{1}{3})^2 - (y - \tfrac{1}{3})(x + \tfrac{1}{3}) + (y - \tfrac{1}{3})^2 = \frac{1}{\tilde{C}^2}$$

b) $g(k) = k$, d.h. $\frac{2 - k}{1 - 2k} = k \Longrightarrow 2 - 2k + 2k^2 = 0$

$$k_{1,2} = +\frac{1}{2} \pm \sqrt{\frac{1}{4} - 1} = \frac{1}{2} + i\,\frac{1}{2}\sqrt{3}$$

Es gibt also keine reelle Lösung k von $g(k) = k$, also keine zusätzlichen Lösungen der Dgl..

26.6 Clairaut'sche Differentialgleichung

Typ: $y = xy' + h(y')$

a) Allgemeine Lösung:

$y = Cx + h(C)$; C beliebige reelle Konstante
(Geradenschar)

b) Singuläre Lösung:

Man setze $y' = p$, löst eine der beiden Gleichungen

$$x + \frac{dh}{dp} = 0$$

$y = xp + h(p)$ auf und setzt dies in die andere ein.

Beispiel 26.6: $y = xy' + e^{-y'}$

Lösung: a) Allgemeine Lösung:

$$y = Cx + e^{-C}$$

b) Singuläre Lösung:

$h(p) = e^{-p}$ damit $\frac{dh}{dp} = -e^{-p}$

Gleichungen: $x - e^{-p} = 0$

$$y = xp + e^{-p}$$

Aus der ersten Gleichung erhält man $p = -\ln|x|$.

Einsetzen in die zweite Gleichung

liefert $y = -x\ln|x| + x$

26.7 Transformationen von Differentialgleichungen

Eine Dgl. läßt sich gelegentlich durch eine Koordinatentransformation auf einen Typ überführen, dessen Lösung durch bekannte Verfahren ermittelt werden kann.

1. Transformation der unabhängigen Variablen x

Anstelle von x führt man eine neue unabhängige Veränderliche $u = u(x)$ ein und erzeugt eine Dgl. in u, indem man die Ableitungen von y nach x mit den folgenden Formeln umrechnet:

$$\frac{dy}{dx} = \frac{dy}{du}\cdot\frac{du}{dx}$$

$$\frac{d^2y}{dx^2} = \frac{d^2y}{du^2}\cdot\left(\frac{du}{dx}\right)^2 + \frac{dy}{du}\cdot\frac{d^2u}{dx^2}$$

$$\frac{d^3y}{dx^3} = \frac{d^3y}{du^3}\left(\frac{du}{dx}\right)^3 + 3\cdot\frac{d^2y}{du^2}\cdot\frac{du}{dx}\cdot\frac{d^2u}{dx^2} + \frac{dy}{du}\cdot\frac{d^3u}{dx^3}$$

$\vdots$

Beispiel 26.7.1: $(x^2 + 2x + 1)y'' + (x+1)y' + y = x^2 + 2\sin\ln(1+x)$

Lösung: Man führt die neue unabhängige Veränderliche $u(x) = x + 1$ ein.

Umrechnen der Ableitungen:

$$\frac{du}{dx} = 1 \,, \quad \frac{d^2u}{dx^2} = 0$$

$$y' = \frac{dy}{dx} = \frac{dy}{du}\,\frac{du}{dx} = \frac{dy}{du}\cdot 1$$

$$y'' = \frac{dy^2}{dx^2} = \frac{d^2y}{du^2}(1)^2 + \frac{dy}{du}\cdot 0$$

Einsetzen in die Dgl. liefert:

$$u^2\,\frac{d^2y}{du^2} + u\,\frac{dy}{du} + u = (u-1)^2 + 2\sin\ln u$$

Dies ist eine Euler'sche Dgl.. Mit den Methoden aus Kapitel 20 erhält man die Lösung

$$y(u) = C_1\cos\ln|u| + C_2\sin\ln|u| + \frac{1}{5}u^2 - u + 1 - \ln|u|\cdot\cos\ln|u|$$

Rücksubstitution liefert

$$y(x) = \cos\ln|x+1|\cdot(C_1 - \ln|x+1|) + C_2\sin\ln|x+1| + \frac{1}{5}(x+1)^2 - (x+1) + 1$$

2. Transformation der abhängigen Variablen y

Anstelle von y führt man eine abhängige Variable v ein und er= zeugt eine Dgl. für v in Abhängigkeit von x, indem man y und seine Ableitungen durch v und seine Ableitungen nach x ersetzt:

$$y = v\,, \quad \frac{dy}{dx} = \frac{dy}{dv}\frac{dv}{dx}\,, \quad \frac{d^2y}{dx^2} = \frac{d^2y}{dv^2}\left(\frac{dv}{dx}\right)^2 + \frac{dy}{dv}\frac{d^2v}{dx^2}\,, \quad \ldots$$

Beispiel 26.7.2: $y' \cos y + \sin y = x + 1$

Lösung: Man führt die neue abhängige Variable $v = \sin y$ ein.
Umrechnen der Ableitungen:

$$\frac{dv}{dy} = \cos y \Rightarrow \frac{dy}{dv} = \frac{1}{\cos y}$$

$$y' = \frac{dy}{dx} = \frac{dy}{dv}\cdot\frac{dv}{dx} = \frac{1}{\cos y}\cdot\frac{dv}{dx}$$. Einsetzen in die Dgl. gibt

$$\frac{dv}{dx} + v = x + 1$$

Diese Gleichung hat die Lösung $v = C\,e^{-x} + x$
Rücksubstitution liefert $y = \arcsin(C\cdot e^{-x} + x)$

3. Transformation von x und y

Anstelle von x und y führt man u und v ein:

$$x = x(u, v)\,, \qquad y = y(u, v)$$

$$dx = x_u du + x_v dv \quad \text{mit } x_u = \frac{\partial x}{\partial u}\,; \quad x_v = \frac{\partial x}{\partial v}$$

$$dy = y_u du + y_v dv \quad \text{mit } y_u = \frac{\partial y}{\partial u}\,, \quad y_v = \frac{\partial y}{\partial v}$$

$$y' = \frac{dy}{dx} = \frac{y_u + y_v v'}{x_u + x_v v'}\,, \text{mit } v' = \frac{dv}{du}$$

Man erhält eine Dgl. für v in Abhängigkeit von u.

Beispiel 26.7.3: $\sqrt{x^2 + y^2}\,(x + y\,y') = x\,y' - y$

Lösung: $x = r\cos\varphi\,, \qquad y = r\sin\varphi\,,$

$$dx = dr\cos\varphi - r\sin\varphi\, d\varphi\,, \qquad dy = dr\sin\varphi + r\cos\varphi\, d\varphi$$

$$y' = \frac{dy}{dx} = \frac{r'\sin\varphi + r\cos\varphi}{r'\cos\varphi - r\sin\varphi} \qquad \left(r' = \frac{dr}{d\varphi}\right)$$

Einsetzen in die Dgl. liefert:

$$r' = 1$$

Diese Dgl. hat die Lösung $r = \varphi + c$; somit ist durch $x = (\varphi + c)\cos\varphi\,, \quad y = (\varphi + c)\sin\varphi$ eine Parameterdarstellung der Schar der Lösungskurven gegeben.

Aufgaben: 26.1 - 26.10

27. Differentialgleichungen und Kurvenscharen

27.1 Die Differentialgleichung einer Kurvenschar

Durch die Gleichung $G(x, y, c) = 0$ wird eine Schar von Kurven, c Scharparameter, in der $x - y$ Ebene beschrieben.
Bisweilen gibt es zu einer solchen Kurvenschar sogenannte "Hüllkurven" oder "Enveloppen". Solche Enveloppen erhält man durch Elimination des Parameters c aus den beiden Gleichungen

$$G(x, y, c) = 0$$
$$\frac{\partial G(x, y, c)}{\partial c} = 0$$

Zu einer Kurvenschar gehört eine Dgl. 1.Ordnung. Diese Dgl. erhält man durch Elimination des Scharparameters c aus den beiden Gleichungen

$$G(x, y, c) = 0$$
$$\frac{\partial G}{\partial x} + \frac{\partial G}{\partial y} y' = 0$$

Die allgemeine Lösung der so erhaltenen Dgl. ist die Kurven=schar; sofern die Dgl. singuläre Lösungen hat, so sind diese Enveloppen der Kurvenschar. (Es kann allerdings auch Envelop=pen der Kurvenschar geben, die nicht singuläre Lösungen der Dgl. sind.)

Bemerkung: Eine singuläre Lösung der Dgl. $F(x, y, y') = 0$ erhält man durch Setzen von $y' = p$ und Elimination von p aus den Gleichungen

$$F(x, y, p) = 0 \ , \quad \frac{\partial F}{\partial p} = 0 \quad \text{und} \quad \frac{\partial F}{\partial x} + \frac{\partial F}{\partial y} \cdot p = 0$$

Beispiel 27.1: $x + (x - c)^2 - y = 0$

Lösung: Enveloppe der Kurvenschar: Elimination des Parameters c

aus $G(x, y, c) = x + (x - c)^2 - y = 0$

$$\frac{\partial G(x, y, c)}{\partial c} = 0 + 2(x - c)(-1) - 0 = 0$$

Aus der zweiten Gleichung folgt $x - c = 0$, dies in die erste Gleichung eingesetzt, ergibt die

Enveloppe $y = x$.

Die zur Kurvenschar gehörende Dgl.: Elimination des Parameters c

aus $\quad G = x + (x - c)^2 - y = 0$

$$\frac{\partial G}{\partial x} + \frac{\partial G}{\partial y} y' = 1 + 2(x - c) - 1 \cdot y' = 0$$

Aus der zweiten Gleichung folgt $x - c = \frac{1}{2}(y' - 1)$.

Dies in die erste Gleichung eingesetzt, ergibt die Dgl.

$$x + \frac{1}{4}(y' - 1)^2 - y = 0$$

(In diesem Beispiel ist die Enveloppe $y = x$ auch (singuläre) Lösung der Dgl..)

27.2 Isogonaltrajektorien

Gegeben ist eine Kurvenschar $G(x, y, c) = 0$. Diejenigen Kurven, die alle Kurven der Kurvenschar $G(x, y, c) = 0$ unter dem festen Winkel γ schneiden nennt man Isogonaltrajektorien. Ist speziell $\gamma = \frac{\pi}{2} = 90^\circ$, so heißen sie Orthogonaltrajektorien.

Bestimmung der Schar der Isogonaltrajektorien:

1. Schritt: Zur gegebenen Schar $G(x, y, c) = 0$ bestimmt man die zugehörige Dgl. $F(x, y, y') = 0$ (vergl. 27.1).
2. Schritt: Man ersetzt in dieser Dgl. formal y' durch $\frac{y' \operatorname{ctg}\gamma - 1}{\operatorname{ctg}\gamma + y'}$ im Falle $\gamma = \frac{\pi}{2}$ also y' durch $-\frac{1}{y'}$
3. Schritt: Man bestimmt die allgemeine Lösung der so erhaltenen Dgl. $\quad F(x, y, \frac{y' \operatorname{ctg}\gamma - 1}{\operatorname{ctg}\gamma + y'}) = 0$

Beispiel 27.2: Man bestimme die Orthogonaltrajektorien der Kurvenschar $\quad y = c\,x^2$.

Lösung:

1.Schritt: Zu der Kurvenschar $G(x, y, c) = y - c\,x^2 = 0$ gehört die Dgl., die man durch Elimination des Scharpara= meters c aus den beiden Gleichungen

$$G(x, y, c) = y - c\,x^2 = 0 \quad \text{und}$$

$$\frac{\partial G}{\partial x} + \frac{\partial G}{\partial y} y' = -2 \cdot c \cdot x + 1 \cdot y' = 0 \quad \text{erhält}$$

$$F(x, y, y') = 2 \cdot y - x \cdot y' = 0$$

2.Schritt: y' wird formal durch $-\frac{1}{y'}$ ersetzt:

$$F(x, y, -\frac{1}{y'}) = 2\cdot y - x\cdot(-\frac{1}{y'}) = 0$$

3.Schritt: Lösen dieser Dgl.: $2\cdot y\cdot y' = -x \Rightarrow \int 2\cdot y\, dy = -\int x\, dx + C \Rightarrow$

$$y^2 = -\frac{x^2}{2} + C .$$

Aufgaben: 27.1 - 27.4

28. Randwertprobleme, Eigenwertprobleme

28.1 Randwertprobleme

Bei einem Anfangswertproblem (vergl. 19.3) ist für eine Dgl. eine spezielle Lösung zu bestimmen, die an einer bestimmten Stelle x_0 einen vorgegebenen Wert und vorgegebene Ableitungs=werte annimmt. Bei einem Randwertproblem hingegen sind spezielle Lösungen einer Dgl. gesucht, deren Werte und Ableitungswerte an verschiedenen Stellen x_1, x_2, (eventuell $x_3, \ldots$) bestimm=ten Bedingungen genügen. Während bei einem Anfangswertproblem die Lösung einer Dgl. n-ter Ordnung durch n Anfangsbedingungen (meist) eindeutig festgelegt ist, so können bei einem Randwert=problem mit n Randbedingungen die folgenden Fälle eintreten:

1) Es gibt genau eine Lösung,
2) Es gibt keine Lösung,
3) Es gibt unendlich viele Lösungen.

Zur Ermittlung der Lösung eines Randwertproblems bestimmt man zunächst die allgemeine Lösung der Dgl.. Diese ist genügend oft zu differenzieren und in die Randbedingungen einzusetzen. Man erhält so ein Gleichungssystem für die unbekannten Koeffizienten der allgemeinen Lösung.

Beispiel 28.1.1: Gegeben sei das Randwertproblem

$$y'' - 3y' + 2y = 2x$$

$$y(0) = 0, \quad y(1) = 1$$

Man bestimme die Lösung, sofern sie existiert.

Lösung:

1.Schritt: Bestimmung der allgemeinen Lösung der Dgl.

$$y'' - 3y' + 2y = 2x$$

Dies ist eine inhomogene Dgl. 2-ter Ordnung mit konstanten Koeffizienten. Bestimmung der allgemei=nen Lösung dieser Dgl. nach den Methoden aus Abschnitt 19.2 liefert:

$$y(x) = C_1 e^x + C_2 e^{2x} + \frac{3}{2} + x$$

2.Schritt: Einsetzen der allgemeinen Lösung in die Randbedin=gungen:

$$y(0) = 0 \Rightarrow C_1 + C_2 + \frac{3}{2} = 0$$

$$y(1) = 1 \Rightarrow C_1 e + C_2 e^2 + \frac{3}{2} + 1 = 1$$

Dieses Gleichungssystem besitzt die eindeutige Lösung

$$C_1 = -\frac{3}{2}(1 + \frac{1}{e}), \quad C_2 = \frac{3}{2 \cdot e}$$

3.Schritt: Es gibt genau eine Lösung des Randwertproblems:

$$y(x) = -\frac{3}{2}(1 + \frac{1}{e})\, e^x + \frac{3}{2 \cdot e} \cdot e^{2x} + \frac{3}{2} + x$$

Beispiel 28.1.2: Gegeben sei das Randwertproblem

$$y'' + 9y = 0$$

$$y(0) + y(\pi) = 0 \quad , \quad y'(0) - y'(\pi) = 0$$

Man bestimme die Lösung, sofern sie existiert.

Lösung:

1.Schritt: Bestimmung der allgemeinen Lösung der Dgl.

$$y'' + 9y = 0$$

Dies ist eine homogene Dgl. 2-ter Ordnung mit konstanten Koeffizienten. Sie hat die allgemeine Lösung

$$y = C_1 \cos 3x + C_2 \sin 3x$$

2.Schritt: Einsetzen der allgemeinen Lösung in die Randbedin=gungen:

Man benötigt $y'(x) = -3\,C_1 \sin 3x + 3\,C_2 \cos 3x$

$$y(0) + y(\pi) = 0 \Rightarrow C_1 - C_1 = 0 \qquad \text{oder} \qquad 0 \cdot C_1 = 0$$

$$y'(0) - y'(\pi) = 0 \Rightarrow 3\,C_2 + 3\,C_2 = 0 \qquad\qquad 6 \cdot C_2 = 0$$

Dieses Gleichungssytem besitzt die(unendlich vielen) Lösungen, C_1 beliebig, $C_2 = 0$

3.Schritt: Es gibt die (unendlich vielen) Lösungen des Randwertproblems:

$$y(x) = C_1 \cdot \cos 3x \quad , \; C_1 \text{ beliebig.}$$

28.2 Eigenwertprobleme

Ein Randwertproblem bei dem sowohl die Dgl. als auch die Rand=werte homogen sind, hat zumindest die Lösung $y(x) = 0$, die "triviale Lösung". Hängt bei einem solchen "voll" homogenen Randwertproblem die Dgl. (oder die Randbedingungen) von einem freien Parameter ab, so interessieren solche Werte des Parameters, für die das Randwertproblem Lösungen besitzt, die von der Null=lösung verschieden sind (nichttriviale Lösungen). Solche Parameter=werte nennt man <u>Eigenwerte</u>.

Zur Ermittlung der Lösung eines Eigenwertproblems bestimmt man zunächst die allgemeine Lösung der Dgl. in Abhängigkeit vom freien Parameter. Man erhält so ein Gleichungssystem für die unbekannten Koeffizienten der allgemeinen Lösung. Dieses Gleichungssystem besitzt nichttriviale Lösungen, wenn seine noch vom freien Parameter abhängige Determinante gleich Null ist. Dies liefert eine Gleichung zur Bestimmung der Eigenwerte.

Beispiel 28.2: Für welche reellen Werte ω besitzt das Randwertproblem

$$y'''' + \omega^2 y'' = 0$$

$$y(3) = 0,\ y'(0) = 0,\ y'(3) = 0,\ y''(0) = 0$$

nichttriviale Lösungen?

Man bestimme diese Lösungen.

Lösung:

1.Schritt: Bestimmung der allgemeinen Lösung der Dgl.

$$y'''' + \omega^2 y'' = 0$$

Dies ist eine homogene Dgl. 4-ter Ordnung mit konstanten Koeffizienten. Sie hat die allgemeine Lösung

$$\text{für } \omega \neq 0: y(x) = C_1 \cos \omega x + C_2 \sin \omega x + C_3 + C_4 x$$

$$\text{für } \omega = 0: y(x) = C_1 + C_2 x + C_3 x^2 + C_4 x^3$$

2.Schritt: Einsetzen der allgemeinen Lösung in die Randbedingungen:

Man benötigt $y'(x)$ und $y''(x)$:

$$\text{für } \omega \neq 0: y'(x) = -C_1 \omega \sin \omega x + C_2 \omega \cos \omega x + C_4$$

$$y''(x) = -C_1 \omega^2 \cos \omega x - C_2 \omega^2 \sin \omega x$$

$$\text{für } \omega = 0: y'(x) = C_2 + 2C_3 x + 3C_4 x^2$$

$$y''(x) = 2C_3 + 6C_4 x$$

Fall $\omega \neq 0$:

$$y(3) = 0 \Rightarrow C_1 \cos 3\omega + C_2 \sin 3\omega + C_3 + 3C_4 = 0$$

$$y'(0) = 0 \Rightarrow C_2 \omega + C_4 = 0$$

$$y'(3) = 0 \Rightarrow -C_1 \cdot \omega \cdot \sin 3\omega + C_2 \cdot \omega \cdot \cos 3\omega + C_4 = 0$$

$$y''(0) = 0 \Rightarrow -C_1 \cdot \omega^2 = 0$$

Die Determinante dieses Gleichungssystems berechnet man :

$$\begin{vmatrix} \cos 3\omega & \sin 3\omega & 1 & 3 \\ 0 & \omega & 0 & 1 \\ -\omega \sin 3\omega & \omega \cos 3\omega & 0 & 1 \\ -\omega^2 & 0 & 0 & 0 \end{vmatrix} = \omega^3(\cos 3\omega - 1)$$

Für $\omega \neq 0$ ist diese Determinante genau dann gleich Null, wenn $\cos 3\omega = 1$, also $\omega = \frac{2k\pi}{3}$, mit $k = \pm 1, \pm 2, \ldots$ gilt.

Für diese Eigenwerte ω hat das Gleichungssystem die folgenden Lösungen:

$$C_1 = 0,\ C_2 = \alpha \text{ beliebig},\ C_3 = -\frac{2 \cdot k\pi}{3}\alpha,\ C_4 = 2 \cdot k\pi\alpha$$

Fall $\omega = 0$

$$\begin{aligned} y(3) = 0 &\Rightarrow C_1 + 3C_2 + 9C_3 + 27C_4 = 0 \\ y'(0) = 0 &\Rightarrow C_2 = 0 \\ y'(3) = 0 &\Rightarrow C_2 + 6C_3 + 27C_4 = 0 \\ y''(0) = 0 &\Rightarrow 2C_3 = 0 \end{aligned}$$

Die Determinante dieses Gleichungssystems berechnet man:

$$\begin{vmatrix} 1 & 3 & 9 & 27 \\ 0 & 1 & 0 & 0 \\ 0 & 1 & 6 & 27 \\ 0 & 0 & 2 & 0 \end{vmatrix} = -54 \neq 0$$

Folglich besitzt dieses Gleichungssystem nur die Nullösung :

$$C_1 = C_2 = C_3 = C_4 = 0.$$

Also ist $\omega = 0$ kein Eigenwert.

3.Schritt: Das Randwertproblem besitzt also für die Parameterwerte $\omega = \frac{2k\pi}{3}$, $k = \pm 1, \pm 2, \ldots$ nichttriviale Lösungen; diese sind:

$$y = \alpha\left(\sin \frac{2k\pi}{3}x + 2k\pi - \frac{2k\pi}{3}x\right)$$

Aufgaben: 28.1 - 28.6

29. Fourierreihen

Eine Funktionenreihe der Form

$$\frac{a_0}{2} + \sum_{n=1}^{\infty}(a_n \cos nx + b_n \sin nx)$$

mit reellen Koeffizienten a_n und b_n heißt eine Fourierreihe mit der Periode 2π.

Darstellung einer Funktion f(x) durch eine Fourierreihe:

Stetige Funktionen

Periode 2π: Eine periodische Funktion f(x) mit der Periode 2π, die stetig und stückweise zweimal stetig differen= zierbar ist, kann man in eine Fourierreihe mit der Periode 2π entwickeln:

$$f(x) = \frac{a_0}{2} + \sum_{n=1}^{\infty}(a_n \cos nx + b_n \sin nx) \quad \text{mit}$$

$$a_0 = \frac{1}{\pi}\int_0^{2\pi} f(x)\,dx$$

$$a_n = \frac{1}{\pi}\int_0^{2\pi} f(x)\cos nx\,dx, \qquad n = 1, 2, \ldots,$$

$$b_n = \frac{1}{\pi}\int_0^{2\pi} f(x)\sin nx\,dx, \qquad n = 1, 2, \ldots,$$

Diese Fourierreihe ist für alle x absolut und gleichmäßig konvergent.

Periode L: Eine periodische Funktion f(x) mit der Periode L, die stetig und stückweise zweimal stetig differen= zierbar ist, kann man in eine Fourierreihe mit der Periode L entwickeln:

$$f(x) = \frac{a_0}{2} + \sum_{n=1}^{\infty}\left(a_n \cos \frac{2\pi}{L}nx + b_n \sin \frac{2\pi}{L}nx\right) \quad \text{mit}$$

$$a_0 = \frac{2}{L}\int_0^{L} f(x)\,dx$$

$$a_n = \frac{2}{L}\int_0^{L} f(x)\cos \frac{2\pi}{L}nx\,dx \qquad n = 1, 2, \ldots,$$

$$b_n = \frac{2}{L}\int_0^L f(x)\sin\frac{2\pi}{L}nx\,dx\ , \qquad n = 1, 2, \ldots ,$$

Diese Fourierreihe ist für alle x absolut und gleichmäßig konvergent.

Unstetige Funktionen

Ist die periodische Funktion $f(x)$ unstetig aber stückweise stetig und stückweise zweimal stetig differenzierbar, so kann sie wie oben in eine Fourierreihe entwickelt werden. Allerdings ist an den Unstetigkeitsstellen die Fourierreihe nicht gleich= mäßig konvergent und der Wert der Fourierreihe an diesen Unste= tigkeitsstellen liegt in der Mitte des Sprunges.

Beispiel 29.1: Man entwickle die Funktion $f(x) = x^2\ ,\quad 0 < x < 2\pi$, in eine Fourierreihe der Periode 2π.

Lösung:

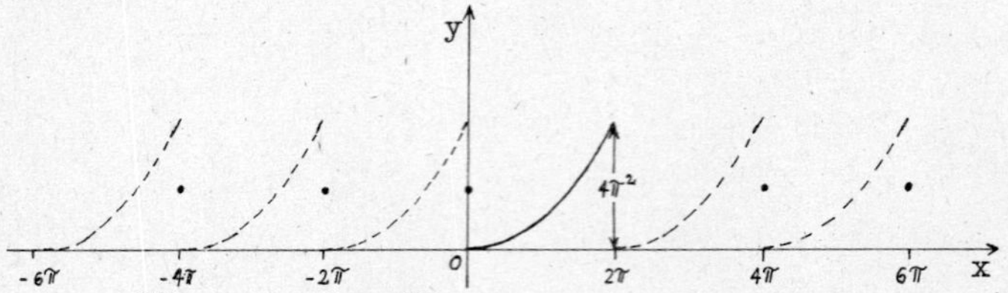

$$a_0 = \frac{1}{\pi}\int_0^{2\pi} x^2 dx = \frac{2}{2\pi}\left[\frac{x^3}{3}\right]_0^{2\pi} = \frac{8\pi^2}{3}$$

$$a_n = \frac{1}{\pi}\int_0^{2\pi} x^2\cos nx\,dx = \frac{1}{\pi}\left[x^2\cdot\frac{\sin nx}{n} - (2x)\cdot\left(\frac{-\cos nx}{n^2}\right) + 2\left(\frac{-\sin nx}{n^3}\right)\right]_0^{2\pi} = \frac{4}{n^2}$$

$$b_n = \frac{1}{\pi}\int_0^{2\pi} x^2\sin nx\,dx = \frac{1}{\pi}\left[x^2\left(\frac{-\cos nx}{n}\right) - (2x)\left(\frac{-\sin nx}{n^2}\right) + 2\left(\frac{\cos nx}{n^3}\right)\right]_0^{2\pi} = \frac{-4\pi}{n}$$

$$f(x) = x^2 = \frac{4\pi^2}{3} + \sum_{n=1}^{\infty}\left(\frac{4}{n^2}\cos nx - \frac{4\pi}{n}\sin nx\right)\ ; \qquad 0 < x < 2\pi\ .$$

Die mit der Periode 2π fortgesetzte Funktion ist an den Stellen $0, \pm 2\pi, \ldots$ unstetig. Der Wert an diesen Unste= tigkeitsstellen liegt in der Mitte des Sprunges bei $2\pi^2$.

Bemerkung 1: Bei der Berechnung der Fourierkoeffizienten ist es gelegentlich von Vorteil nicht über das Intervall von 0 bis 2π bzw. von 0 bis L zu integrieren, sondern über ein verschobenes Intervall x_o bis $x_o + 2\pi$ bzw. von x_o bis $x_o + L$.

Beispiel 29.2: Man entwickle die Funktion $f(x) = \begin{cases} 2 & \text{für } 0 < x < 3 \\ -2 & \text{für } -3 < x < 0 \end{cases}$ in eine Fourierreihe der Periode 6.

Lösung:

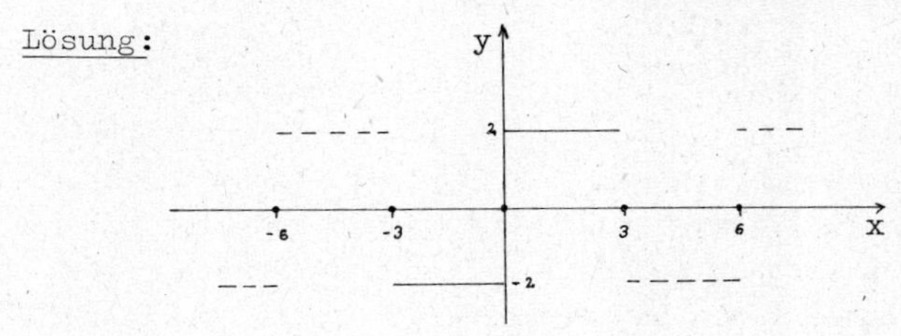

$$a_o = 0$$

$$a_n = 0$$

$$b_n = \frac{2}{6}\left(\int_{-3}^{0} (-2)\sin \frac{2\pi}{6} nx\,dx + \int_{0}^{3} 2\sin \frac{2\pi}{6} nx\,dx \right) =$$

$$= \frac{2}{6}\cdot 2 \int_0^3 2\sin \frac{2\pi}{6} nx\,dx = \frac{4}{3}\int_0^3 \sin \frac{2\pi}{6} nx\,dx =$$

$$= -\frac{4}{3}\left[\frac{3}{\pi n}\cos \frac{\pi}{3} nx \right]_0^3 = -\frac{4\cdot 3}{3\cdot\pi\cdot n}(\cos n\pi - \cos 0)$$

$$b_n = \frac{4}{\pi n}(1 - (-1)^n) = \begin{cases} 0 & n = 2, 4, 6, \ldots \\ \frac{8}{\pi n} & n = 1, 3, 5, \ldots \end{cases}$$

$$f(x) = \frac{8}{\pi}\sum_{m=1}^{\infty} \frac{1}{2m+1} \sin \frac{\pi}{3} mx$$

Die mit der Periode 6 fortgesetzte Funktion f(x) ist an den Stellen $0, \pm 3, \pm 6, \ldots$ unstetig. Die Fourierreihe nimmt dort den Wert 0 in der Mitte des Sprunges an.

Bemerkung 2: Für eine gerade Funktion f(x), d.h. $f(x) = f(-x)$, erhält man als Fourierreihe eine reine Cosinusreihe, d.h. $b_n = 0$, und die Berechnung der a_n vereinfacht sich zu

$$a_o = \frac{2}{\pi}\int_0^{\pi} f(x)\,dx, \quad a_n = \frac{2}{\pi}\int_0^{\pi} f(x)\cos nx\,dx \qquad \text{(bei Periode } 2\pi)$$

$$a_o = \frac{4}{L}\int_0^{L/2} f(x)\,dx\ , \qquad a_n = \frac{4}{L}\int_0^{L/2} f(x)\cos\frac{2n\pi}{L}x\,dx \quad \text{(bei Periode L)}$$

Für eine <u>ungerade Funktion</u> $f(x)$, d.h. $f(x) = -f(-x)$, erhält man als Fourierreihe eine reine Sinusreihe, d.h. $a_n = 0$, und die Berechnung der b_n vereinfacht sich zu

$$b_n = \frac{2}{\pi}\int_0^{\pi} f(x)\sin nx\,dx \qquad \text{(bei Periode } 2\pi\text{)}$$

$$b_n = \frac{4}{L}\int_0^{L/2} f(x)\sin\frac{2n\pi}{L}x\,dx \qquad \text{(bei Periode L)}$$

<u>Beispiel 29.3:</u> Man setze die Funktion $f(x) = x$ für $0 < x < 2$ so fort, daß daraus eine gerade Funktion mit der Periode 4 wird. Man gebe die Fourierreihe dieser Funktion an. Konvergiert die Fourierreihe gleichmäßig für $-\infty < x < +\infty$?

<u>Lösung:</u>

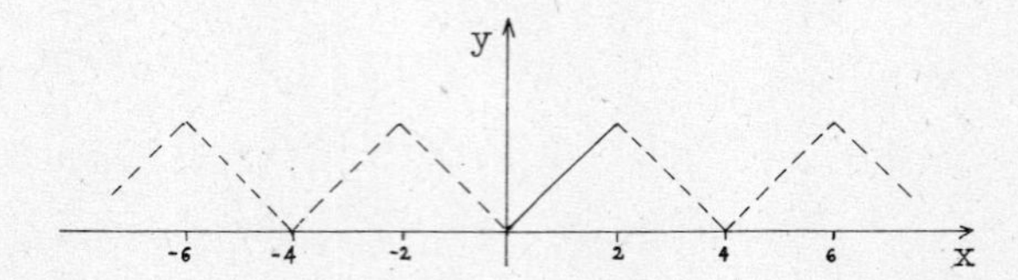

$f(x)$ ist gerade also: $b_n = 0$

$$a_o = \frac{2}{L}\int_0^{L} f(x)\,dx = \frac{2}{L}\int_{-L/2}^{L/2} f(x)\,dx = \frac{4}{L}\int_0^{L/2} f(x)\,dx$$

$$a_o = \frac{4}{4}\int_0^2 x\,dx = \frac{2}{2}\left[\frac{x^2}{2}\right]_0^2 = \frac{2}{2}\cdot\frac{4}{2} = 2$$

$$a_n = \frac{4}{4}\int_0^2 x\cos\frac{n\pi x}{2}\,dx = \left[x\,\frac{\sin\frac{n\pi x}{2}}{\frac{n\pi}{2}}\right]_0^2 - \frac{2}{n\pi}\int_0^2 \sin\frac{n\pi x}{2}\,dx =$$

$$= \frac{4}{n^2\pi^2}\left[\cos\frac{n\pi x}{2}\right]_0^2 = \frac{4}{n^2\pi^2}(\cos n\pi - 1)$$

$$a_n = \frac{4}{n^2\pi^2}\cdot\begin{cases} -2 & n = 1, 3, 5, \ldots \\ 0 & n = 2, 4, 6, \ldots \end{cases}$$

$$f(x) = 1 - \frac{8}{\pi^2}\left(\cos\frac{\pi x}{2} + \frac{1}{3^2}\cos\frac{3\pi x}{2} + \frac{1}{5^2}\cos\frac{5\pi x}{2} + \ \ldots\right)$$

Da $f(x)$ stetig und stückweise zweimal stetig differenzierbar ist, so liegt gleichmäßige Konvergenz in $-\infty < x < +\infty$ vor.

Bemerkung 3: Eine Fourierreihe kann man in komplexer Form einheitlicher darstellen:

$$\sum_{n=-\infty}^{+\infty} c_n e^{inx} \qquad \text{(Periode } 2\pi\text{)}$$

$$\sum_{n=-\infty}^{+\infty} c_n e^{i\frac{2\pi}{L}nx} \qquad \text{(Periode L)}$$

Die c_n heißen die komplexen Fourierkoeffizienten.

Zusammenhang mit reellen Fourierkoeffizienten: $c_o = \frac{1}{2} a_o$,

$c_n = \frac{1}{2}(a_n - ib_n)$, $c_{-n} = \frac{1}{2}(a_n + ib_n)$; $n = 1, 2, \ldots$

Man kann auch die komplexen Fourierkoeffizienten einer Funktion f(x) direkt durch

$$c_n = \frac{1}{2\pi} \int_0^{2\pi} f(x)\, e^{-inx}\, dx \qquad \text{(Periode } 2\pi\text{)}$$

$$c_n = \frac{1}{L} \int_0^{L} f(x)\, e^{-i\frac{2\pi}{L}nx}\, dx \qquad \text{(Periode L)}$$

$n = 0, \pm 1, \pm 2, \ldots$, berechnen.

Die reellen Fourierkoeffizienten sind dann

$$a_o = 2 \cdot c_o \ , \quad a_n = 2 \cdot \mathrm{Re}(c_n) \ , \quad b_n = -2 \cdot \mathrm{Im}(c_n) \ .$$

Aufgaben: 29.1 - 29.11

30. Partielle Differentialgleichungen

30.1 Die Wellengleichung

Die Wellengleichung ist eine partielle Dgl. der Form

$$y_{tt} = c^2 y_{xx} , \quad 0 \leq x \leq l , \quad t \geq 0 .$$

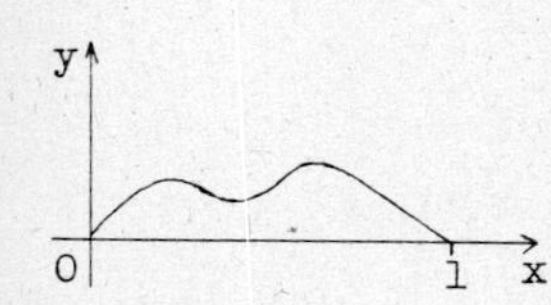

Dabei beschreibt $y(x, t)$ die Auslenkung einer schwingenden Saite der Länge l an der Stelle x zur Zeit t.

$\left(y_{tt} = \frac{\partial^2 y}{\partial t^2} \text{ und } y_{xx} = \frac{\partial^2 y}{\partial x^2}, \; c = \text{reelle Konstante}\right)$

Ist die Saite an beiden Enden eingespannt, dann lauten die Randbedingungen

$$y(0, t) = 0 , \quad y(l, t) = 0 , \quad t \geq 0$$

Hat die Saite zur Zeit $t = 0$ an der Stelle x die Auslenkung $h_o(x)$ und die Geschwindigkeit $h_1(x)$, dann lauten die Anfangsbedingungen

$$y(x, 0) = h_o(x) , \quad y_t(x, 0) = h_1(x) ; \quad 0 \leq x \leq l$$

Lösung der Wellengleichung:

Die allgemeine Lösung der Wellengleichung, die den obigen Rand=bedingungen genügt, lautet

$$y(x, t) = \sum_{n=1}^{\infty} \sin \frac{n\pi}{l} x \left(A_n \cos \frac{n\pi c}{l} t + B_n \sin \frac{n\pi c}{l} t\right)$$

Die unbekannten Koeffizienten A_n und B_n bestimmt man aus den Anfangsbedingungen:

Man entwickelt $h_o(x)$ in eine Sinusreihe der Periode $L = 2l$

$$h_o(x) = \sum_{n=1}^{\infty} b_n \sin \frac{\pi n}{l} x$$

und erhält damit $A_n = b_n$.

Man entwickelt $h_1(x)$ in eine Sinusreihe der Periode $L = 2l$

$$h_1(x) = \sum_{n=1}^{\infty} \beta_n \sin \frac{\pi n}{l} x$$

und erhält damit $B_n = \frac{l}{n\pi \cdot c} \beta_n$.

Beispiel 30.1.1: Man löse die Wellengleichung

$$y_{tt} = c^2 y_{xx} \;,\; 0 \leq x \leq l \;,\; t \geq 0$$

mit den Randbedingungen $y(0, t) = 0$, $y(l, t) = 0$ und

den Anfangsbedingungen $y(x, 0) = h_0(x) = \begin{cases} \alpha x & \text{für } 0 \leq x \leq l/2 \\ \alpha(l - x) & \text{für } l/2 \leq x \leq l \end{cases}$

($\alpha > 0$ reelle Konstante) und $y_t(x, 0) = h_1(x) \equiv 0$

(Die Anfangsbedingungen beschreiben ein "Anzupfen" der Saite in der Mitte.)

Lösung: Allgemeine Lösung, die den Randbedingungen angepaßt ist:

$$y(x, t) = \sum_{n=1}^{\infty} \sin \frac{n\pi}{l} x \left(A_n \cos \frac{n\pi c}{l} t + B_n \sin \frac{n\pi c}{l} t\right)$$

Bestimmung von A_n und B_n:

Entwicklung von

$$h_0(x) = \begin{cases} \alpha x & , \; 0 \leq x \leq l/2 \\ \alpha(l - x) & , \; l/2 \leq x \leq l \end{cases}$$

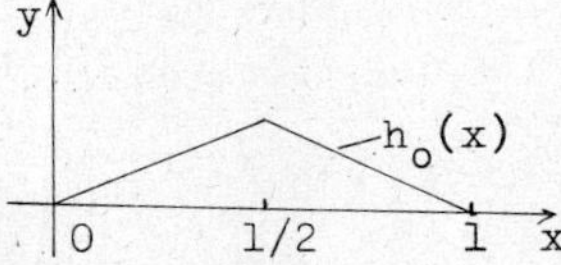

in eine Sinusreihe mit der Periode $L = 2l$

$$h_0(x) = \sum_{n=1}^{\infty} b_n \sin \frac{\pi n}{l} x$$

Die Fourierkoeffizienten b_n berechnen sich nach Kapitel 29, Bemerkung 2 (ungerade Funktion $h_0(x)$) zu:

$$b_n = \frac{2}{l} \int_0^l h_0(x) \sin \frac{n\pi}{l} x \, dx =$$

$$= \frac{2\alpha}{l} \left(\int_0^{l/2} x \sin \frac{n\pi x}{l} \, dx + \int_{l/2}^{l} (l - x) \sin \frac{n\pi x}{l} \, dx \right) =$$

$$= \begin{cases} \dfrac{4\alpha l}{(n\pi)^2} & \text{für } n = 1, 5, 9, \ldots \\ -\dfrac{4\alpha l}{(n\pi)^2} & \text{für } n = 3, 7, 11, \ldots \\ 0 & \text{für } n \text{ gerade} \end{cases}$$

Damit sind $A_n = b_n$ bestimmt.

Entwicklung von $h_1(x) = 0$ in eine Sinusreihe mit der Periode $L = 2l$

$$h_1(x) = \sum_{n=1}^{\infty} \beta_n \sin \frac{\pi n}{l} x$$

Die Fourierkoeffizienten β_n berechnen sich nach Kapitel 29 zu:

$$\beta_n = \frac{2}{l}\int_0^l h_1(x)\sin\frac{n\pi}{l}x\,dx = \frac{2}{l}\int_0^l 0\sin\frac{n\pi}{l}x\,dx = 0$$

Damit sind die $B_n = \frac{1}{n\pi c}\,\beta_n = 0$ bestimmt.

Die Lösung der Aufgabe lautet somit

$$y(x,t) = \frac{4\alpha l}{\pi^2}\left(\sin\frac{\pi}{l}x\cos\frac{\pi c}{l}t - \frac{1}{3^2}\sin\frac{3\pi}{l}x\cos\frac{3\pi c}{l}t + \right.$$
$$\left. + \frac{1}{5^2}\sin\frac{5\pi}{l}x\cos\frac{5\pi c}{l}t \pm \ldots\right)$$

Beispiel 30.1.2: Man löse die Wellengleichung

$$y_{tt} = c^2 y_{xx}\,,\quad 0 \le x \le l\,,\quad t \ge 0$$

mit den Randbedingungen $y(0,t) = 0$, $y(l,t) = 0$ und den Anfangsbedingungen $y(x,0) = h_o(x) = 0$ und

$$y_t(x,0) = h_1(x) = \begin{cases} v_o & \text{für } \xi \le x \le \xi + d \\ 0 & \text{sonst} \end{cases}$$

(Die Anfangsbedingungen beschreiben ein "Anschlagen" der Saite - etwa beim Klavier - an der Stelle ξ mit der Geschwindigkeit v_o.)

Lösung: Allgemeine Lösung der Wellengleichung, die den Randbedingungen angepaßt ist:

$$y(x,t) = \sum_{n=1}^{\infty} \sin\frac{n\pi}{l}x\left(A_n\cos\frac{n\pi c}{l}t + B_n\sin\frac{n\pi c}{l}t\right)$$

Bestimmung von A_n und B_n:

Entwicklung von $h_o(x) = 0$ in eine Sinusreihe mit der Periode $L = 2l$

$$h_o(x) = \sum_{n=1}^{\infty} b_n \sin\frac{\pi n}{l}x$$

Die Fourierkoeffizienten sind $b_n = 0$.

Damit sind $A_n = b_n = 0$ bestimmt.

Entwicklung von $h_1(x) = \begin{cases} v_o & \text{für } \xi \le x \le \xi + d \\ 0 & \text{sonst} \end{cases}$ in eine Sinusreihe mit der Periode $L = 2l$.

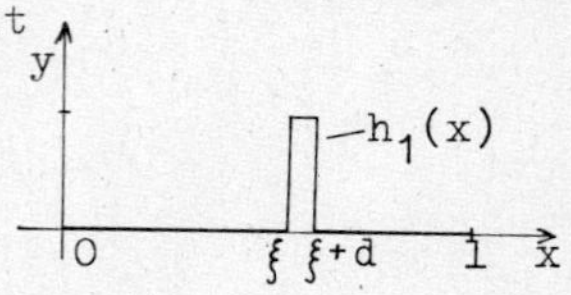

$$h_1(x) = \sum_{n=1}^{\infty} \beta_n \sin\frac{\pi n}{l}x$$

Die Fourierkoeffizienten β_n berechnen sich zu

$$\beta_n = \frac{2}{l}\int_0^l h_1(x)\sin\frac{n\pi x}{l}\,dx = \frac{2}{l}\int_{\xi}^{\xi+d} v_o \sin\frac{n\pi x}{l}\,dx$$

$$= \frac{2v_o}{n\pi}\left(\cos\frac{n\pi\xi}{l} - \cos\frac{n\pi(\xi+d)}{l}\right)$$

Damit sind die $B_n = \frac{1}{n\pi c}\,\beta_n = \frac{2v_o}{n^2\pi^2 c}\left(\cos\frac{n\pi\xi}{l} - \cos\frac{n\pi(\xi+d)}{l}\right)$

bestimmt .

30.2 Die Wärmeleitungsgleichung

Die Wärmeleitungsgleichung ist eine partielle Dgl. der Form

$$u_t = c^2 u_{xx}\ ,\quad 0 \leq x \leq l\ ,\quad t \geq 0\ .$$

Dabei beschreibt $u(x, t)$ die Temperatur eines Stabes der Länge l an der Stelle x zur Zeit t.

$$\left(u_t = \frac{\partial u}{\partial t}\quad \text{und}\quad u_{xx} = \frac{\partial^2 u}{\partial x^2}\ ,\ c = \text{reelle Konstante}\right)$$

Wird die Temperatur an den beiden Stabenden auf 0 Grad gehalten, dann lauten die Randbedingungen

$$u(0, t) = 0\ ,\ u(l, t) = 0\ ,\ t \geq 0$$

Herrscht in dem Stab zur Zeit $t = 0$ an der Stelle x die Temperatur $h(x)$, dann lautet die Anfangsbedingung

$$u(x, 0) = h(x)\ ,\quad 0 \leq x \leq l$$

Lösung der Wärmeleitungsgleichung:

Die allgemeine Lösung der Wärmeleitungsgleichung, die den obigen Randbedingungen genügt, lautet

$$u(x, t) = \sum_{n=1}^{\infty} e^{-\left(\frac{cn\pi}{l}\right)^2 t} B_n \sin\frac{n\pi}{l}x$$

Die unbekannten Koeffizienten B_n bestimmt man aus der Anfangsbe= dingung.

Man entwickelt $h(x)$ in eine Sinusreihe der Periode $L = 2l$

$$h(x) = \sum_{n=1}^{\infty} b_n \sin\frac{\pi n}{l}x$$

und erhält damit $B_n = b_n$.

<u>Beispiel 30.2.1:</u> Man löse die Wärmeleitungsgleichung
$u_t = 2\,u_{xx}$, $0 \le x \le 4$, $t \ge 0$ mit den
Randbedingungen $u(0, t) = 0$, $u(4, t) = 0$, $t \ge 0$ und der
Anfangsbedingung $u(x, 0) = h(x) = 3\cdot\sin\pi x - 2\cdot\sin 5\pi x$, $0 \le x \le 4$

<u>Lösung:</u> Allgemeine Lösung der Wärmeleitungsgleichung, die den
Randbedingungen angepaßt ist:

$$u(x, t) = \sum_{n=1}^{\infty} e^{-\frac{n^2\pi^2}{8}t}\, B_n \sin \frac{n\pi}{4} x$$

Bestimmung der B_n:
Entwicklung von $h(x) = 3\sin\pi x - 2\sin 5\pi x$ in eine Sinus=
reihe der Periode $L = 2\cdot 4 = 8$:

$$h(x) = \sum_{n=1}^{\infty} b_n \sin \frac{\pi n}{4} x$$

Hier kann man die Fourierkoeffizienten b_n aus dem gegebe=
nen $h(x)$ direkt ablesen:

Für $n = 4$ ist $b_4 = 3$, für $n = 20$ ist $b_{20} = -2$,
für $n \ne 4, 20$ ist $b_n = 0$.

Damit sind die $B_n = b_n$ bestimmt und die Lösung des Wärme=
leitungsproblems lautet

$$u(x, t) = 3\,e^{-2\pi^2 t} \sin\pi x - 2\,e^{-50\pi^2 t} \sin 5\pi x \, .$$

<u>Bemerkung 1:</u> Sind die Randbedingungen nicht homogen, d.h.
$u(0, t) = c_o$, $u(l, t) = c_l$ mit Konstanten $c_o \ne 0$
oder $c_l \ne 0$ dann führt man die Funktion

$$v(x, t) = u(x, t) - c_o - \frac{c_l - c_o}{l} x$$

ein und löst an Stelle des Wärmeleitungsproblems

$$u_t = c^2 u_{xx} \;,\quad 0 \le x \le l \;,\quad t \ge 0$$
$$u(0, t) = c_o \;,\quad u(l, t) = c_l \;,\quad t \ge 0$$
$$u(x, 0) = h(x) \;,\quad 0 \le x \le l$$

das transformierte Wärmeleitungsproblem

$$v_t = c^2 v_{xx} \;,\quad 0 \le x \le l \;,\quad t \ge 0$$
$$v(0, t) = 0 \;,\quad v(l, t) = 0 \;,\quad t \ge 0$$
$$v(x, 0) = h(x) - c_o - \frac{c_l - c_o}{l}\cdot x \;,\quad 0 \le x \le l$$

nach der oben beschriebenen Methode. Rückrechnen von
$v(x, t)$ nach $u(x, t)$ liefert die Lösung des Ausgangs=
problems.

Beispiel 30.2.2: Man löse die Wärmeleitungsgleichung

$u_t = u_{xx}$, $0 < x < \pi$, $t \geq 0$ mit den

Randbedingungen $u(0, t) = 1$, $u(\pi, t) = 3$ und der

Anfangsbedingung $u(x, 0) = 2$.

Lösung: Die Randbedingungen sind inhomogen. Deshalb führt man ein

$$v(x, t) = u(x, t) - c_0 - \frac{c_1 - c_0}{1} x = u(x, t) - 1 - \frac{3 - 1}{\pi} x$$

und löst das Wärmeleitungsproblem

$$v_t = v_{xx} , \quad 0 < x < \pi , \quad t \geq 0$$
$$v(0, t) = 0 , \quad v(\pi, t) = 0 , \quad t \geq 0$$
$$v(x, 0) = 1 - \frac{2}{\pi} x , \quad 0 < x < \pi$$

Allgemeine Lösung der Wärmeleitungsgleichung für $v(x, t)$, die den Randbedingungen angepaßt ist:

$$v(x, t) = \sum_{n=1}^{\infty} e^{-n^2 t} \cdot B_n \cdot \sin nx$$

Bestimmung der B_n:

Entwicklung von $h(x) = v(x, 0) = 1 - \frac{2}{\pi}x$ in eine Sinusreihe der Periode $L = 2\pi$:

$$h(x) = \sum_{n=1}^{\infty} b_n \sin nx$$

Die Fourierkoeffizienten b_n berechnen sich nach Kapitel 29, Bemerkung 2 zu:

$$b_n = \frac{2}{\pi} \int_0^{\pi} (1 - \frac{2}{\pi} x) \sin nx \, dx = \frac{2}{\pi} (1 + \cos n\pi) =$$

$$= \begin{cases} \frac{4}{n\pi} & \text{für } n = 2m \\ 0 & \text{für } n = 2m - 1 \end{cases} \quad m = 1, 2, \ldots$$

Damit sind $B_n = b_n$ bestimmt.

Die Lösung des transformierten Problems lautet

$$v(x, t) = \frac{4}{\pi} \sum_{m=1}^{\infty} \frac{1}{2m} e^{-(2m)^2 t} \sin 2mx$$

Rückrechnen liefert die Lösung des ursprünglichen Problems

$$u(x, t) = 1 + \frac{2}{\pi} x + \frac{4}{\pi} \sum_{m=1}^{\infty} \frac{1}{2m} e^{-(2m)^2 t} \sin 2mx .$$

30.3 Die Laplacesche Differentialgleichung

Die Laplacesche Differentialgleichung ist eine partielle Dgl. der Form

$$u_{xx} + u_{yy} = 0 ,$$

dabei beschreibt $u(x, y)$ ein Potential an der Stelle (x, y). Meist interessiert man sich für das Potential $u(x, y)$ in einem bestimmten Bereich der $x - y$ Ebene, an dessen Rand gewisse Rand= bedingungen vorgegeben sind. Ein Beispiel wird im Abschnitt 30.4 angegeben und durchgerechnet. Falls Randbedingungen auf dem Kreis $x = R\cos\varphi$, $y = R\sin\varphi$ vorgegeben sind und man sich für das Poten= tial im Innern des Kreises interessiert, so schreibt man die Potentialgleichung auf Polarkoordinaten r und φ um. Sie lautet dann

$$u_{rr} + \frac{1}{r}u_r + \frac{1}{r^2}u_{\varphi\varphi} = 0$$

30.4 Lösung von partiellen Differentialgleichungen durch Produktansatz

Eine Lösungsmethode, die bei partiellen Dgln. oft zum Ziele führt, ist der Produktansatz (Bernoulli-Ansatz). Mit einem solchen Produktansatz lassen sich auch die in Abschnitt 30.1 und 30.2 aufgeschriebenen Lösungen gewinnen. Diese Methode wird in dem folgenden Beispiel exemplarisch vorgeführt.

Beispiel 30.3: Man löse die Potentialgleichung $u_{xx} + u_{yy} = 0$ in dem Bereich $0 < x < \pi$, $0 < y < \infty$ mit den Randbedingungen

$$u(0, y) = u(\pi, y) = 0 , \quad \lim_{y\to\infty} u(x, y) = 0 , \quad u(x, 0) = 1$$

Lösung: Man setzt die unbekannte Funktion $u(x, y)$ als Produkt zweier Funktionen $f(x)$, $g(y)$ an, wobei die Funktion f nur von x und die Funktion g nur von y abhängt:

$$u(x, y) = f(x)\cdot g(y) .$$

Zum Einsetzen in die Dgl. benötigt man die partiellen Ableitungen u_{xx} und u_{yy}:

$$u_x = \frac{\partial u}{\partial x} = f'(x)\cdot g(y) \qquad u_{xx} = \frac{\partial^2 u}{\partial x^2} = f''(x)\cdot g(y)$$

$$u_y = \frac{\partial u}{\partial y} = f(x)\cdot \dot{g}(y) \qquad u_{yy} = \frac{\partial^2 u}{\partial y^2} = f(x)\cdot \ddot{g}(y)$$

Einsetzen in die Dgl. liefert:

$$f''(x)\cdot g(y) = -f(x)\cdot \ddot{g}(y)$$

$$\frac{f''(x)}{f(x)} = -\frac{\ddot{g}(y)}{g(y)}$$

Die rechte Seite dieser Gleichung hängt nur von y ab, ist also bezüglich der Variablen x eine Konstante; die linke Seite hängt nur von x ab, ist also bezüglich der Variablen y eine Konstante. Beide Seiten sind folglich gleich einer Konstanten λ:

$$\frac{f''(x)}{f(x)} = \lambda = -\frac{\ddot{g}(y)}{g(y)}$$

Schreibt man diese Gleichungen in der Form

$$f''(x) = \lambda f(x) \quad , \quad \ddot{g}(y) = -\lambda g(y) \quad ,$$

so hat man zwei gewöhnliche Dgln., eine in x und eine in y, mit dem gemeinsamen freien Parameter λ.

Lösungen der beiden Dgln.:

Fall $\lambda > 0$ $(\omega = \sqrt{\lambda})$:

$$f(x) = A_1 e^{\omega x} + A_2 e^{-\omega x} \; ; \; g(y) = B_1 \cos \omega y + B_2 \sin \omega y$$

Fall $\lambda < 0$ $(\omega = \sqrt{|\lambda|})$:

$$f(x) = A_1 \cos \omega x + A_2 \sin \omega x \; ; \; g(y) = B_1 e^{\omega y} + B_2 e^{-\omega y}$$

Fall $\lambda = 0$

$$f(x) = A_1 + A_2 x \; ; \; g(y) = B_1 + B_2 y$$

Die freien Parameter $\lambda, A_1, A_2, B_1, B_2$ sind nun so zu bestimmen, daß $u(x) = f(x)\cdot g(y)$ die gegebenen Randbedingungen erfüllt.

1) Wegen der Randbedingung $\lim_{y\to\infty} u(x,y) = 0$ muß entweder $u(x,y)$ identisch gleich Null sein oder die Funktion $g(y)$ muß für $y \to \infty$ abklingen, d.h. es kommen keine Schwingungen (Fall $\lambda > 0$) in Frage; im Fall $\lambda = 0$ muß $B_1 = 0$ und $B_2 = 0$ sein, dann ist $u(x,y)$ identisch gleich Null; im Fall $\lambda < 0$ muß $B_1 = 0$ sein. Damit kommen nur noch Lösungen

$$u(x,y) = (A_1 B_2 \cos \omega x + A_2 B_2 \sin \omega x)\, e^{-\omega y}$$

in Frage.

2) Die Randbedingung $u(0, y) = 0$ liefert
$A_1B_2 e^{-\omega y} = 0 \Rightarrow A_1B_2 = 0$
Damit kommen nur noch Lösungen
$$u(x, y) = b \sin \omega x \, e^{-\omega y}$$
in Frage ($b = A_2B_2$).

3) Die Randbedingung $u(\pi, y) = 0$ liefert
$b \sin \omega\pi \cdot e^{-\omega y} = 0$.
Im Falle $b = 0$ ist $u(x, y)$ identisch gleich Null, die triviale Lösung. Nichttriviale Lösungen erhält man für $\sin \omega\pi = 0$, d.h. $\omega = 1, 2, 3, \ldots$.
Damit kommen nur noch Lösungen
$$u(x, y) = b_n \sin nx \, e^{-ny}$$
in Frage.

Da die Dgl. und die bisher eingearbeiteten Randbedingungen homogen sind, so ist auch die Superposition
$$u(x, y) = \sum_{n=0}^{\infty} b_n \sin nx \, e^{-ny}$$
eine in Frage kommende Lösung.

4) Die Randbedingung $u(x, 0) = 1$ liefert
$$\sum_{n=1}^{\infty} b_n \sin nx = 1 \; ; \quad 0 < x < \pi$$
Die Funktion $h(x) = 1$ ist also in eine ungerade Fourierreihe der Periode 2π zu entwickeln. Ihre Koeffizienten b_n berechnen sich nach Kapitel 29, Bemerkung 2 zu
$$b_n = \frac{2}{\pi}\int_0^{\pi} 1 \cdot \sin nx \, dx = \frac{2}{n\pi}(1 - \cos n\pi) = \begin{cases} 0 & \text{für } n = 2m \\ \frac{4}{n\pi} & \text{für } n = 2m+1 \end{cases}$$
Damit lautet die Lösung des Problems
$$u(x, y) = \frac{4}{\pi}\sum_{m=0}^{\infty} \frac{1}{2m+1} e^{-(2m+1)y} \sin(2m+1)x \,.$$

Aufgaben: 30.1 - 30.3

31. Ausgleichsrechnung

Zu einer Folge von Punkten $(x_1, y_1), \ldots, (x_n, y_n)$ ("Punktwolke") ist eine Funktion $y(x)$ eines bestimmten Typs gesucht, die sich den einzelnen Punkten der Punktwolke möglichst gut annähert. In der Ausgleichsrechnung wird die Funktion $y(x)$ so bestimmt, daß die Summe

$$s^2 = \sum_{i=1}^{n} (y(x_i) - y_i)^2$$

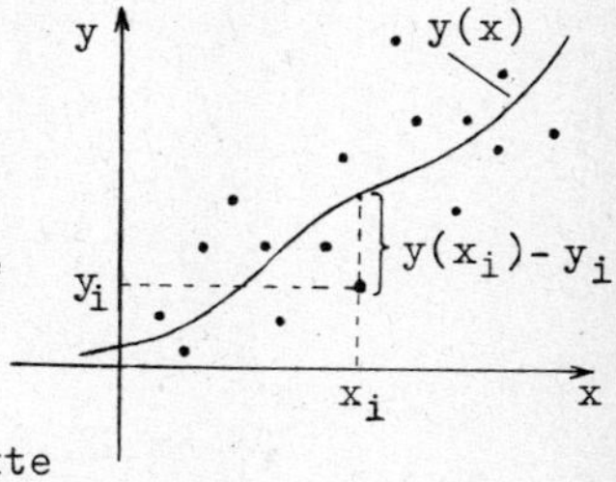

der Quadrate der Abstände der einzelnen Punkte von der Kurve möglichst klein wird (Methode der kleinsten Quadrate).

y
y(x)
$y(x_i) - y_i$
y_i
x_i
x

31.1 Ausgleichsgerade

Soll die Ausgleichsfunktion $y(x)$ eine Gerade sein

$$y(x) = a + bx ,$$

so berechnet man die unbekannten Koeffizienten der besten Ausgleichsgeraden aus den Normalgleichungen

$$\begin{pmatrix} n & \sum_1^n x_i \\ \sum_1^n x_i & \sum_1^n x_i^2 \end{pmatrix} \begin{pmatrix} a \\ b \end{pmatrix} = \begin{pmatrix} \sum_1^n y_i \\ \sum_1^n x_i y_i \end{pmatrix}$$

Die zugehörige kleinste Fehlerquadratsumme ist

$$s^2 = \sum_1^n y_i^2 - a \sum_1^n y_i - b \sum_1^n x_i y_i$$

Beispiel 31.1: Zu den in der Tabelle gegebenen Meßwerten y_i an den Stellen x_i soll eine Gerade $y(x) = a + bx$ derart bestimmt werden, daß die Fehlerquadratsumme

$$\sum_{i=1}^{5} (y(x_i) - y_i)^2$$

minimal wird.

Man gebe diese minimale Fehlerquadratsumme an.

Tabelle:

x_i	-2	-1	0	1	2
y_i	0	2	3	5	6

<u>Lösung:</u> Die zur Aufstellung der Normalgleichungen benötigten Größen berechnet man zweckmäßig im folgenden Schema.

	n = 5					$\sum$
x_i	-2	-1	0	1	2	0
y_i	0	2	3	5	6	16
x_i^2	+4	1	0	1	4	10
$x_i y_i$	0	-2	0	5	12	15
y_i^2	0	4	9	25	36	74

Normalgleichungen:

$$\begin{pmatrix} 5 & 0 \\ 0 & 10 \end{pmatrix} \begin{pmatrix} a \\ b \end{pmatrix} = \begin{pmatrix} 16 \\ 15 \end{pmatrix} \Rightarrow a = \frac{16}{5} = 3{,}2 \; ; \; b = \frac{15}{10} = 1{,}5$$

Ausgleichsgerade: $y(x) = 3{,}2 + 1{,}5\,x$

Minimale Fehlerquadratsumme:

$$s^2 = 74 - 3{,}2\cdot 16 - 1{,}5\cdot 15 = 0{,}3$$

<u>31.2 Ausgleichspolynom</u>

Soll die Ausgleichsfunktion y(x) ein Polynom m-ten Grades sein

$$y(x) = a_o + a_1 x + \; . \; . \; . + a_m x^m ,$$

so berechnet man die unbekannten Koeffizienten a_i des besten Ausgleichspolynoms aus folgendem linearen Gleichungssystem, den Normalgleichungen

$$\begin{pmatrix} n & \sum x_i & \sum x_i^2 & \cdots & \sum x_i^m \\ \sum x_i & \sum x_i^2 & \sum x_i^3 & \cdots & \sum x_i^{m+1} \\ \cdot & \cdot & \cdot & & \cdot \\ \cdot & \cdot & \cdot & & \cdot \\ \sum x_i^m & \sum x_i^{m+1} & \sum x_i^{m+2} & \cdots & \sum x_i^{2m} \end{pmatrix} \cdot \begin{pmatrix} a_o \\ a_1 \\ \cdot \\ \cdot \\ a_m \end{pmatrix} = \begin{pmatrix} \sum y_i \\ \sum x_i y_i \\ \cdot \\ \cdot \\ \sum x_i^m y_i \end{pmatrix}$$

Die zugehörige kleinste Fehlerquadratsumme ist

$$s^2 = \sum y_i^2 - a_o \sum y_i - a_1 \sum x_i^1 y_i - a_2 \sum x_i^2 y_i - \ldots - a_m \sum x_i^m y_i$$

Beispiel 31.2: Zu den in der Tabelle gegebenen Meßwerten y_i an den Stellen x_i soll eine Parabel derart bestimmt werden, daß die Fehlerquadratsumme

$$s^2 = \sum_{i=1}^{4} (y(x_i) - y_i)^2$$

minimal wird. Man gebe diese an.

Tabelle:

x_i	-1	0	0	1
y_i	2	0	1	2

Lösung: Normalgleichungen im Falle m = 2 der Parabel

$$y(x) = a_o + a_1 x + a_2 x^2 :$$

$$\begin{pmatrix} n & \sum x_i & \sum x_i^2 \\ \sum x_i & \sum x_i^2 & \sum x_i^3 \\ \sum x_i^2 & \sum x_i^3 & \sum x_i^4 \end{pmatrix} \cdot \begin{pmatrix} a_o \\ a_1 \\ a_2 \end{pmatrix} = \begin{pmatrix} \sum y_i \\ \sum x_i y_i \\ \sum x_i^2 y_i \end{pmatrix}$$

Benötigte Werte n = 4

					$\sum$
x_i	-1	0	0	1	0
y_i	2	0	1	2	5
x_i^2	1	0	0	1	2
x_i^3	-1	0	0	1	0
x_i^4	1	0	0	1	2
$x_i y_i$	-2	0	0	2	0
$x_i^2 y_i$	2	0	0	2	4
y_i^2	4	0	1	4	9

$\Rightarrow$

$$\begin{pmatrix} 4 & 0 & 2 \\ 0 & 2 & 0 \\ 2 & 0 & 2 \end{pmatrix} \cdot \begin{pmatrix} a_o \\ a_1 \\ a_2 \end{pmatrix} = \begin{pmatrix} 5 \\ 0 \\ 4 \end{pmatrix} \quad \text{Normalengleichungen}$$

Auflösen nach a_o, a_1, a_2 (mit Gaußschem Algorithmus)

4	0	2	5
0	2	0	0
2	0	2	4
4	0	2	5
	2	0	0
		1	3/2

$$a_2 = \frac{3}{2}, \quad a_1 = 0, \quad a_o = \frac{1}{4}(5 - 3) = \frac{1}{2}$$

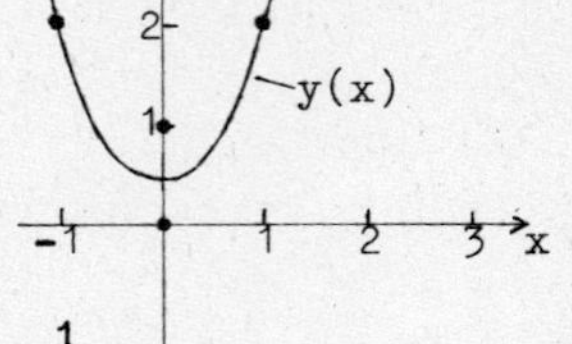

Ausgleichsparabel

$$y(x) = \frac{1}{2} + \frac{3}{2} \cdot x^2$$

Minimale Fehlerquadratsumme

$$s^2 = 9 - \frac{1}{2} \cdot 5 - 0 \cdot 0 - \frac{3}{2} \cdot 4 = \frac{1}{2}$$

31.3 Allgemeine Ausgleichsfunktion

Soll die Ausgleichsfunktion y(x) eine allgemeine Funktion der Form

$$y(x) = a_1 \varphi_1(x) + a_2 \varphi_2(x) + \dots + a_m \varphi_m(x)$$

mit gegebenen Funktionen $\varphi_1(x)$, $\varphi_2(x)$, $\dots, \varphi_m(x)$ sein, so berechnet man die unbekannten Koeffizienten a_i der besten Ausgleichsfunktion aus folgendem Gleichungssystem, den Normal=gleichungen

$$\begin{pmatrix} \sum \varphi_1(x_i)^2 & \sum \varphi_1(x_i)\varphi_2(x_i) & \dots & \sum \varphi_1(x_i)\varphi_m(x_i) \\ \sum \varphi_2(x_i)\varphi_1(x_i) & \sum \varphi_2(x_i)^2 & \dots & \sum \varphi_2(x_i)\varphi_m(x_i) \\ \cdot & \cdot & & \cdot \\ \cdot & \cdot & & \cdot \\ \cdot & \cdot & & \cdot \\ \sum \varphi_m(x_i)\varphi_1(x_i) & \sum \varphi_m(x_i)\varphi_2(x_i) & \dots & \sum \varphi_m(x_i)^2 \end{pmatrix} \begin{pmatrix} a_1 \\ a_2 \\ \cdot \\ \cdot \\ \cdot \\ a_m \end{pmatrix} = \begin{pmatrix} \sum \varphi_1(x_i)y_i \\ \sum \varphi_2(x_i)y_i \\ \cdot \\ \cdot \\ \cdot \\ \sum \varphi_m(x_i)y_i \end{pmatrix}$$

Die zugehörige Fehlerquadratsumme ist

$$s^2 = \sum y_i^2 - a_1 \sum \varphi_1(x_i)y_i - \dots - a_m \sum \varphi_m(x_i)y_i$$

Beispiel 31.3: Gegeben ist die Wertetabelle

x_i	-2	-1	0	1	2
y_i	-2	-1	1	0	-1

Man bestimme diejenige Funktion $y(x) = a_1 \sin\frac{\pi}{2}x + a_2 \cos\frac{\pi}{2}x$, deren Fehlerquadratsumme am kleinsten ist.

Lösung:

Berechnung der benötigten Werte der Matrix der Normalgleichun=gen mit $m = 2$, $\varphi_1(x) = \sin\frac{\pi}{2}x$, $\varphi_2(x) = \cos\frac{\pi}{2}x$

x_i	-2	-1	0	1	2	$\sum$
y_i	-2	-1	1	0	-1	-3
$\varphi_1(x_i)^2 = \sin^2\frac{\pi}{2}x_i$	0	1	0	1	0	2
$\varphi_2(x_i)^2 = \cos^2\frac{\pi}{2}x_i$	1	0	1	0	1	3
$\varphi_1(x_i)\cdot\varphi_2(x_i) = \sin\frac{\pi}{2}x_i\cdot\cos\frac{\pi}{2}x_i$	0	0	0	0	0	0
$\varphi_1(x_i)y_i = (\sin\frac{\pi}{2}x_i)y_i$	0	1	0	0	0	1
$\varphi_2(x_i)y_i = (\cos\frac{\pi}{2}x_i)y_i$	2	0	1	0	1	4
y_i^2	4	1	1	0	1	7

Normalgleichungen

$$\begin{pmatrix} 2 & 0 \\ 0 & 3 \end{pmatrix} \cdot \begin{pmatrix} a_1 \\ a_2 \end{pmatrix} = \begin{pmatrix} 1 \\ 4 \end{pmatrix} \Rightarrow a_1 = \frac{1}{2} \quad , \quad a_2 = \frac{4}{3}$$

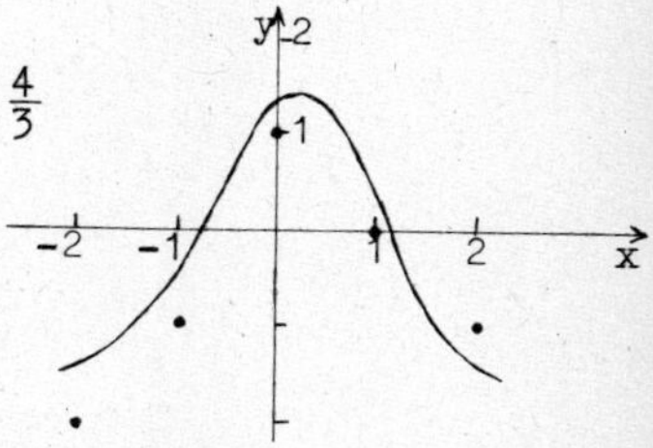

Beste Ausgleichsfunktion

$$y(x) = \frac{1}{2}\sin\frac{\pi}{2}x + \frac{4}{3}\cos\frac{\pi}{2}x$$

Minimale Fehlerquadratsumme

$$s^2 = y_i^2 - a_1\sum(\sin\frac{\pi}{2}x_i)\cdot y_i - a_2\sum(\cos\frac{\pi}{2}x_i)\cdot y_i$$
$$= 7 - \frac{1}{2}\cdot 1 - \frac{4}{3}\cdot 4 = \frac{7}{6}$$

Aufgaben: 31.1 - 31.2

32. Iterationsverfahren

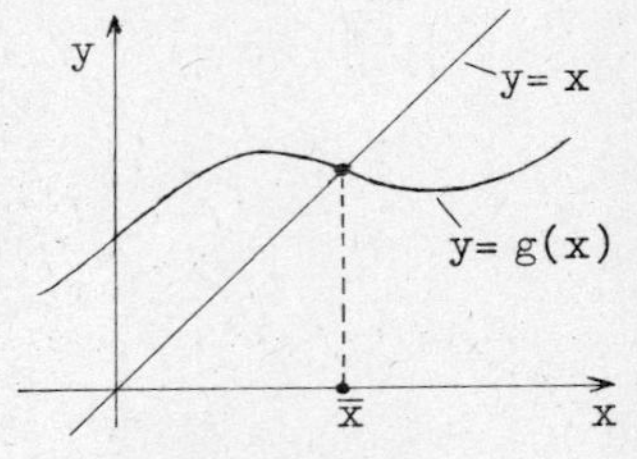

32.1 Allgemeines Iterationsverfahren

Zu einer gegebenen Funktion $g(x)$ sucht man solche Punkte x, für die

$$x = g(x)$$

gilt (Fixpunktgleichung).

Iterationsverfahren: Man gibt sich einen Startpunkt x_o vor und berechnet ausgehend von diesem sukzessive $x_1, x_2, \ldots$

$$x_1 = g(x_o)$$
$$x_2 = g(x_1)$$
$$\vdots$$
$$x_n = g(x_{n-1})$$
$$\vdots$$

Konvergenz: Die Folge $x_o, x_1, x_2, \ldots$ konvergiert gegen einen Fixpunkt $\bar{x}$ mit $\bar{x} = g(\bar{x})$, wenn man ein Intervall $[a, b]$ und eine Konstante L mit $0 \leq L < 1$ (Lipschitzkonstante) finden kann, so daß

(i) für jedes x aus $[a, b]$ auch $g(x)$ in $[a, b]$ liegt,

(ii) für alle x', x'' aus dem Intervall $[a, b]$ die Ungleichung

$$|g(x') - g(x'')| \leq L \cdot |x' - x''|$$

gilt (Lipschitzbedingung),

(iii) ein x_{n_o} der Folge im Intervall $[a, b]$ liegt.

Bemerkung: Wenn die Funktion $g(x)$ im Intervall $[a, b]$ differenzierbar ist, so bestimmt man $L = \max\limits_{a \leq x \leq b} |g'(x)|$.

Ist $L < 1$, so ist die Lipschitzbedingung erfüllt.

Fehlerabschätzung:

(i) $|x_n - \bar{x}| \leq \frac{L}{1 - L} \cdot |x_n - x_{n-1}|$

(ii) $|x_n - \bar{x}| \leq \frac{L^n}{1 - L} \cdot |x_1 - x_o|$

<u>Beispiel 32.1:</u> Man berechne die Nullstelle $\bar{x}$ der Funktion

$$f(x) = e^{-x} - x$$

näherungsweise, indem man ausgehend von $x_o = \frac{1}{2}$ sechs weitere Näherungen mit dem Verfahren $x_n = g(x_{n-1})$ bestimmt. Man weise nach, daß das Verfahren konvergiert, indem man für das Intervall $\left[\frac{1}{2}, \ln 2\right]$ eine Lipschitzkonstante bestimmt. Um wieviel weicht x_6 von $\bar{x}$ ab? Wie oft muß man iterieren, um sicherzustellen, daß die Näherung bis auf einen Fehler von 10^{-4} mit dem wahren Wert übereinstimmt.

<u>Lösung:</u> Die Nullstelle $\bar{x}$ der Funktion $f(x) = e^{-x} - x$ ist ein Fixpunkt der Gleichung $x = g(x)$ mit $g(x) = e^{-x}$.

<u>Iterationen:</u>

$$\begin{aligned} x_o &= 0{,}5 \\ x_1 &= 0{,}606530 \\ x_2 &= 0{,}545239 \\ x_3 &= 0{,}579703 \\ x_4 &= 0{,}560065 \\ x_5 &= 0{,}571172 \\ x_6 &= 0{,}564863 \end{aligned}$$

y
2
1
1
2
3
x

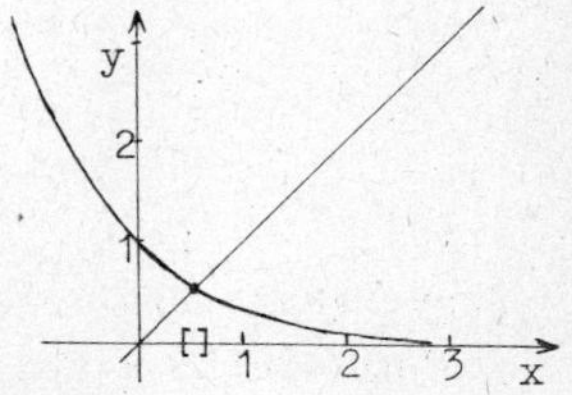

<u>Konvergenz:</u>

(i) Für das vorgegebene Intervall $[\frac{1}{2}, \ln 2]$ liegt mit x auch e^{-x} in $[\frac{1}{2}, \ln 2]$. Denn im Intervall $[\frac{1}{2}, \ln 2] = [\frac{1}{2}, 0{,}693]$ fällt e^{-x} von $e^{-\frac{1}{2}} = 0{,}607$ monoton auf $e^{-\ln 2} = 0{,}5$.

(ii) Bestimmung einer Lipschitzkonstanten für das Intervall $[\frac{1}{2}, \ln 2]$:
Da $g(x) = e^{-x}$ differenzierbar ist, ist eine Lipschitzkonstante durch

$$L = \max_{a \leq x \leq b} |g'(x)| = \max_{\frac{1}{2} \leq x \leq \ln 2} |-e^{-x}| = e^{-\frac{1}{2}} = 0{,}607 < 1$$

gegeben.

(iii) Bereits x_o liegt im Intervall $[\frac{1}{2}, \ln 2]$.

Abweichung von x_6 von $\bar{x}$:

$$|x_6 - \bar{x}| \leq \frac{L}{1 - L} \cdot |x_6 - x_5| = 1{,}5415 \cdot 0{,}0063 = 0{,}00972$$

Zahl der Iterationen für $|x_n - \bar{x}| \leq 10^{-4}$:

$$|x_n - x| \leq \frac{L^n}{1 - L} |x_1 - x_o| \leq 10^{-4} \quad \Rightarrow$$

$$L^n \leq \frac{(1 - L)\, 10^{-4}}{x_1 - x_o} \Rightarrow n \ln L \leq \ln \frac{(1 - L)\, 10^{-4}}{x_1 - x_o} \quad \Rightarrow$$

$$n \cdot \ln (e^{-\frac{1}{2}}) \leq \ln \frac{(1 - 0{,}607)\, 10^{-4}}{0{,}10653}$$

$$n \geq 15{,}81$$

Damit ist garantiert, daß man nach n = 16 Iterationen eine Genauigkeit bis auf 10^{-4} erreicht hat.

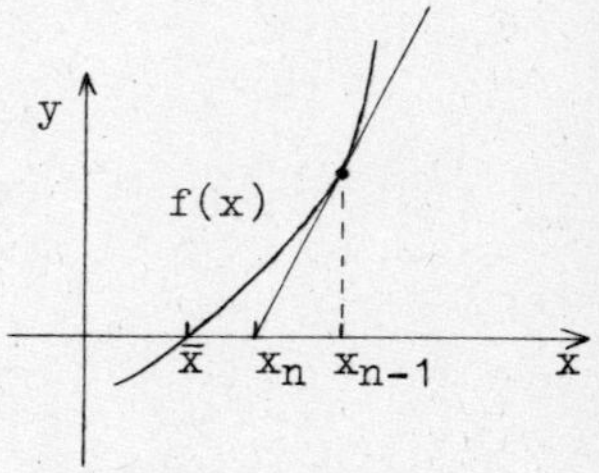

32.2 Newtonverfahren

Man sucht die Nullstellen einer gegebenen Funktion f(x), d.h. gesucht sind die Punk= te x, für die

$$f(x) = 0$$

gilt.

Newtoniteration: Man gibt sich einen Startpunkt x_o vor und berechnet ausgehend von diesem sukzessive $x_1, x_2, \ldots$ nach der Formel

$$x_n = x_{n-1} - \frac{f(x_{n-1})}{f'(x_{n-1})}$$

Konvergenz: Die Folge $x_o, x_1, x_2, \ldots$ konvergiert gegen eine Nullstelle $\bar{x}$ von f(x), wenn für ein Intervall [a, b] die Konvergenzbedingungen aus 32.1 für

$$g(x) = x - \frac{f(x)}{f'(x)}$$

erfüllt sind.

Bemerkung: Diese Konvergenzbedingungen sind erfüllt, wenn

(i) f(a) und f(b) entgegengesetzte Vorzeichen haben,

(ii) $f'(x) \neq 0$ für alle x aus [a, b] ist,

(iii) entweder für alle x aus [a, b], $f''(x) \geq 0$
oder für alle x aus [a, b], $f''(x) \leq 0$ ist,

(iv) im Falle $|f'(a)| \leq |f'(b)|$ die Ungleichung $|f(a)| \leq |b - a| \cdot |f'(a)|$
im Falle $|f'(a)| > |f'(b)|$ die Ungleichung $|f(b)| \leq |b - a| \cdot |f'(b)|$
gilt.

Beispiel 32.2: Gesucht ist eine Nullstelle des Polynoms

$$P(x) = x^3 - 3x + 1$$

die im Intervall $[0,1 ; 0,4]$ liegt.
Ausgehend von $x_0 = 0$ führe man zwei Newton=schritte durch. Man weise nach, daß das Newtonverfahren gegen eine Nullstelle $\bar{x}$ im Intervall $[0,1 ; 0,4]$ konvergiert.

Lösung: Newtoniteration. Bei Polynomen verwendet man zur Berechnung von $P(x)$ und $P'(x)$ an der Stelle x zweckmäßigerweise das "Doppelte Hornerschema".

$x_0 = 0$

$n = 1$:

	1	0	-3	1
$x_0 = 0$	0	0	0	0
	1	0	-3	$1 = P(0)$
$x_0 = 0$	0	0	0	
	1	0	$-3 = P'(0)$	

$$x_1 = x_0 - \frac{P(x_0)}{P'(x_0)} = 0 - \frac{1}{-3} = \frac{1}{3}$$

$x_1 = \frac{1}{3}$

$n = 2$:

	1	0	-3	1
$x_1 = \frac{1}{3}$	0	$\frac{1}{3}$	$\frac{1}{9}$	$-\frac{26}{27}$
	1	$\frac{1}{3}$	$\frac{-26}{9}$	$\frac{1}{27} = P(\frac{1}{3})$
$x_1 = \frac{1}{3}$	0	$\frac{1}{3}$	$\frac{2}{9}$	
	1	$\frac{2}{3}$	$\frac{-24}{9} = P'(\frac{1}{3})$	

$$x_2 = x_1 - \frac{P(x_1)}{P'(x_1)} = \frac{1}{3} - \frac{\frac{1}{27}}{-\frac{24}{9}} = \frac{1}{3} + \frac{1}{3 \cdot 24} = \frac{25}{72}$$

Konvergenz: Intervall $[a, b] = [0,1; 0,4]$

Nachprüfen der Konvergenzbedingungen:

(i) $P(0,1) = 0,701 > 0$, $P(0,4) = -0,136 < 0$ } $P(0,1)$ und $P(0,4)$ haben entge=gengesetzte Vorzeichen

(ii) $P'(x) = 3x^2 - 3 \Rightarrow$ für $0,1 \leq x \leq 0,4$ ist $P'(x) \neq 0$

(iii) $P''(x) = 6x > 0$ für $0,1 \leq x \leq 0,4$

(iv) $P'(0,1) = -2,97$, $P'(0,4) = -2,52$ } Fall $|P'(0,1)| > |P'(0,4)|$

Wegen $|P(0,4)| = 0,136$ und $|0,4 - 0,1| \cdot |P'(0,4)| = 0,756$
gilt $|P(0,4)| \leq |0,4 - 0,1| \cdot |P'(0,4)|$
Ferner liegt ein x_{n_0}, nämlich $x_1 = \frac{1}{3}$ im
Intervall $[0,1 ; 0,4]$, also konvergiert das Newton=
verfahren gegen eine Nullstelle x im Intervall $[0,1 ; 0,4]$.

Aufgaben: 32.1 - 32.8

33. Die Normalverteilung

33.1 Das Gaußsche Fehlerintegral

Wahrscheinlichkeiten einer normalverteilten Zufallsgröße X berechnet man mit Hilfe der Funktion

$$\phi(u) = \frac{1}{\sqrt{2\pi}} \int_{-\infty}^{u} e^{-\frac{x^2}{2}} dx ,$$

des sogenannten Gaußschen Fehlerintegrals (auch Wahrscheinlichkeitsintegral oder standardisierte Normalverteilung genannt).

u	$\phi(u)$
0,000	0,500
0,250	0,599
0,500	0,692
0,750	0,773
1,000	0,841
1,250	0,894
1,282	0,900
1,500	0,933
1,645	0,950
1,750	0,960
1,960	0,975
2,000	0,977
2,326	0,990
2,576	0,995
3,000	0,9987
3,090	0,9990
∞	1,0000

Die Werte der Funktion $\phi(u)$ sind nicht elementar berechenbar; in fast allen mathematischen Tafelwerken sind sie tabelliert. Nebenstehend ein Auszug aus einer solchen Tabelle. Die Funktion $\phi(u)$ ist nur für positive Werte von u tabelliert. Den Wert für $\phi(-u)$ erhält man durch

$$\phi(-u) = 1 - \phi(u)$$

33.2 Normalverteilte Zufallsvariablen

Wahrscheinlichkeiten einer normalverteilten Zufallsgröße X mit dem Erwartungswert $E(X) = \mu$ und der Varianz $V(X) = \sigma^2$ berechnet man, wie folgt:

a) $P(X \leq x) = \phi\left(\frac{x-\mu}{\sigma}\right)$

D.h. zur Berechnung der Wahrscheinlichkeit, daß die Zufallsvariable X einen Wert kleiner oder gleich x annimmt, bestimmt man $u = \frac{x-\mu}{\sigma}$ und schlägt für diesen u-Wert den zugehörigen ϕ-Wert in der Tabelle nach.

b) $P(X > x) = 1 - P(X \leq x) = 1 - \phi\left(\frac{x-\mu}{\sigma}\right)$

c) $P(a < X \leq b) = P(X \leq b) - P(X \leq a) = \phi\left(\frac{b-\mu}{\sigma}\right) - \phi\left(\frac{a-\mu}{\sigma}\right)$

d) $P(|X| \leq a) = P(X \leq a) - P(X \leq -a) = \phi\left(\frac{a-\mu}{\sigma}\right) - \phi\left(\frac{-a-\mu}{\sigma}\right)$

e) $P(X - \mu \leq k\sigma) = \phi(k)$

f) $P(|X - \mu| \leq k\sigma) = 2\phi(k) - 1$

Bemerkung: Für eine normalverteilte Zufallsvariable ist die Wahrscheinlichkeit $P(X = x)$, daß X den festen Wert x annimmt gleich Null. Deshalb gilt $P(X \leq x) = P(X < x)$, und obige Beziehungen sind auch dann gültig, wenn für das $\leq$ Zeichen das $<$ Zeichen (oder umgekehrt) steht.

Beispiel 33.1: Für die normalverteilte Zufallsgröße mit dem Erwartungswert $E(X) = \mu = 3$ und der Varianz $V(X) = \sigma^2 = \frac{1}{4}$ berechne man die Wahrscheinlichkeiten

(1) $P(2{,}5 < X \leq 4)$; (2) $P(X - \mu > -3\sigma)$

Lösung: (1) Nach Formel c) hat man mit $\mu = 3$ und $\sigma = \sqrt{\frac{1}{4}} = \frac{1}{2}$

$$P(2{,}5 < X \leq 4) = \phi\left(\frac{4-3}{\frac{1}{2}}\right) - \phi\left(\frac{2{,}5-3}{\frac{1}{2}}\right) =$$

$$= \phi(2) - \phi(-1) = \phi(2) - (1 - \phi(1)) =$$

(nach Tabelle) $= 0.977 - (1 - 0.841) = 0{,}818$

(2) $P(X - \mu > -3\sigma) = 1 - P(X - \mu \leq -3\sigma) =$

(nach Formel e)) $= 1 - \phi(-3) = \phi(3) = 0{,}9987$

Beispiel 33.2: Für eine normalverteilte Zufallsvariable X mit beliebigem Erwartungswert μ und beliebiger Varianz σ^2 bestimme man:

(1) $P(\mu - \frac{1}{2}\sigma < X \leq \mu + \frac{1}{2}\sigma)$

(2) k derart, daß $P(\mu - k\sigma < X \leq \mu + k\sigma) = 0{,}95$ ist.

Lösung: (1) Nach Formel f) hat man

$$P(\mu - \tfrac{1}{2}\sigma < X \leq \mu + \tfrac{1}{2}\sigma) = P(|X - \mu| \leq \tfrac{1}{2}\sigma) = 2\phi(\tfrac{1}{2}) - 1$$

$$= 2 \cdot 0{,}692 - 1 = 0{,}384$$

(2) Nach Formel f) hat man

$$P(\mu - k\sigma < X \leq \mu + k\sigma) = P(|X - \mu| \leq k\sigma) = 2\phi(k) - 1 .$$

Nun ist k so zu wählen, daß $2\phi(k) - 1 = 0{,}95$ gilt.

Also: $\phi(k) = \frac{1}{2} \cdot 1{,}95 = 0{,}975$.

In der Tabelle des Gaußschen Fehlerintegrals sucht man in umgekehrter Richtung zu dem Funktionswert $\phi(k) = 0{,}975$ den zugehörigen Ausgangswert: $k = 1{,}960$.

33.3 Summe von Normalverteilungen

(i) Sind $X_1, X_2, \ldots, X_n$ unabhängige normalverteilte Zufalls= variable mit den Erwartungswerten $E(X_1) = \mu_1$, $E(X_2) = \mu_2, \ldots,$ $E(X_n) = \mu_n$ und den Varianzen $V(X_1) = \sigma_1^2$, $V(X_2) = \sigma_2^2, \ldots,$ $V(X_n) = \sigma_n^2$, dann ist auch die Summe $Y = X_1 + X_2 + \ldots + X_n$ normalverteilt mit dem Erwartungswert

$E(Y) = E(X_1) + E(X_2) + \ldots + E(X_n) = \mu_1 + \mu_2 + \ldots + \mu_n$

und der Varianz

$V(Y) = V(X_1) + V(X_2) + \ldots + V(X_n) = \sigma_1^2 + \sigma_2^2 + \ldots + \sigma_n^2$.

(ii) Ist X eine normalverteilte Zufallsvariable mit dem Erwar= tungswert $E(X) = \mu$ und der Varianz $V(X) = \sigma^2$ und c eine Konstante, dann ist auch das Vielfache $Y = c \cdot X$ normalver= teilt mit dem Erwartungswert $E(Y) = E(c \cdot X) = c \cdot E(X) = c \cdot \mu$ und der Varianz $V(Y) = V(c\,X) = c^2 V(X) = c^2 \sigma^2$.

Beispiel 33.3: Die Wand eines Fertighauses besteht aus 5 Folien sowie aus einer Innen- und Außen= platte. Die Dicke jeder einzelnen Folie ist normalverteilt mit dem Erwartungswert 1 cm und der Varianz 0,01 cm^2. Die Dicke jeder Platte ist normalverteilt mit dem Erwartungs= wert 3 cm und der Varianz 0,02 cm^2. Die Dicken der einzelnen Folien und der einzelnen Platten sind voneinander unabhängig.

(1) Man gebe die Verteilung der Dicke der Wand an.
(2) Wie groß ist die Wahrscheinlichkeit, daß die Wand nicht dünner als 10,1 cm ist?
(3) Zwischen welchen Werten (symmetrisch zum Erwartungswert) liegt in 99% der Fälle die Dicke der Wand?

Lösung: (1) $X_1, X_2, \ldots, X_5$ seien die Dicken der Wände 1, 2, ..., 5 und Y_1, Y_2 seien die Dicken der Außen- bzw. Innen= platte. Es ist

$E(X_1) = E(X_2) = \ldots = E(X_5) = 1$

$E(Y_1) = E(Y_2) = 3$

$V(X_1) = V(X_2) = \ldots = V(X_5) = 0{,}01$

$V(Y_1) = V(Y_2) = 0{,}02$

Da die Zufallsvariablen $X_1, X_2, \ldots, X_5, Y_1, Y_2$ voneinander unabhängig und normalverteilt sind, so ist auch die Gesamtdicke der Wand

$$Z = X_1 + X_2 + \ldots + X_5 + Y_1 + Y_2$$

normalverteilt mit dem Erwartungswert

$$E(Z) = E(X_1) + E(X_2) + \ldots + E(X_5) + E(Y_1) + E(Y_2) = 11$$

und der Varianz

$$V(Z) = V(X_1) + V(X_2) + \ldots + V(X_5) + V(Y_1) + V(Y_2) = 0{,}09$$

(2) Die Wahrscheinlichkeit, daß die Wand nicht dünner als 10,1 cm ist, d.h. die Dicke Z der Wand größer oder gleich 10,1 cm ist, ist

$$P(Z \geq 10{,}1) = 1 - P(Z \leq 10{,}1) = 1 - \phi\left(\frac{10{,}1 - 11}{\sqrt{0{,}09}}\right)$$
$$= 1 - \phi(-3) = \phi(3) = 0{,}9987$$

(3) Es ist derjenige Wert c zu bestimmen, so daß $P(\mu - c < Z \leq \mu + c) = 99\,\%$ ist. Nach Formel f) ist

$$P(\mu - c < Z \leq \mu + c) = 2\phi\left(\frac{c}{\sigma}\right) - 1 = 2\phi\left(\frac{c}{0{,}3}\right) - 1$$

Also muß gelten $2\phi\left(\frac{c}{0{,}3}\right) - 1 = 0{,}99 \Rightarrow$

$$\phi\left(\frac{c}{0{,}3}\right) = 0{,}995$$

In der Tabelle des Gaußschen Fehlerintegrals sucht man in umgekehrter Richtung zu dem Funktionswert $\phi(u) = 0{,}995$ den zugehörigen Ausgangswert: $u = \frac{c}{0{,}3} = 2{,}576 \Rightarrow c = 0{,}7728$.
Also liegt in 99 % der Fälle die Wandstärke zwischen den Werten 10,2272 und 11,7728.

Aufgaben: 33.1 - 33.4

34. Tests und Vertrauensintervalle für unbekannten Mittelwert μ

34.1 Tests

Von einer Meßreihe $x_1, x_2, \ldots, x_n$ (unabhängige Stichprobe vom Umfang n) sei bekannt, daß sie aus einer Normalverteilung stammt. Der Erwartungswert μ dieser Normalverteilung sei unbekannt und mit Hilfe der Meßwerte soll geprüft (getestet) werden,

ob dieser unbekannte Erwartungswert μ gleich einer vorgegebenen Zahl μ_0 sein kann, d.h. die

Hypothese $H_0: \mu = \mu_0$

richtig sein kann,

oder ob u sich signifikant von μ_0 unterscheidet, d.h. die

Alternative $H_1: \mu \neq \mu_0$

höchstwahrscheinlich zutrifft.

Will man beim Test der

Hypothese $H_0: \mu = \mu_0$

nur ausschließen, daß μ nicht größer als μ_0 ist, so hat man als (einseitige)

Alternative $H_1: \mu < \mu_0$.

Will man beim Test der

Hypothese $H_0: \mu = \mu_0$

nur ausschließen, daß μ nicht kleiner als μ_0 ist, so hat man als (einseitige)

Alternative $H_1: \mu > \mu_0$.

Da es sich bei der Meßreihe um zufällige Größen handelt, wird man die Entscheidung, die Hypothese anzunehmen oder abzulehnen nicht mit 100%-iger Sicherheit treffen können. Jedoch kann man eine zu tolerierende Irrtumsrate vorgeben:

die Wahrscheinlichkeit α, daß man sich irrt, indem man die Hypothese H_0 ablehnt, obwohl sie eigentlich richtig ist (Fehler I Art). α heißt auch das Testniveau.

Der Fehler II Art β, sich zu irren, indem man die Hypothese H_0 annimmt, obwohl sie eigentlich falsch ist, wird nicht zahlenmäßig erfaßt.

Was man bei Durchführung der oben beschriebenen Tests tun muß und welche Entscheidung man zu treffen hat, ist in Tabelle 34.1 zusammengestellt. Je nachdem, ob die Varianz σ^2 der zugrunde liegenden Normalverteilung be= kannt oder unbekannt ist, benötigt man Fraktilwerte der standardisierten Normalverteilung ϕ oder Fraktilwerte der Studentschen t-Verteilung.

Ein $(1-\alpha)$-Fraktilwert $u_{1-\alpha}$ der standardisierten Normal= verteilung ist derjenige Wert, für den $\phi(u_{1-\alpha}) = 1-\alpha$ ist, z.B. der $1-0{,}05 = 0{,}95$ - Fraktilwert (oder 95% - Fraktilwert) der standardisierten Normalverteilung ist

$$u_{1-0,05} = u_{0,95} = 1{,}645 \quad (\phi(1{,}645) = 0{,}95)$$

Für den $(1-\alpha/2)$-Fraktilwert $u_{1-\alpha/2}$ gilt entsprechend

$$\phi(u_{1-\alpha/2}) = 1 - \alpha/2 \ ,$$

z.B. $u_{1-0.05/2} = u_{0,975} = 1{,}960$.

Fraktilwerte $t^{(m)}_{1-\alpha}$ (bzw. $t^{(m)}_{1-\alpha/2}$) der Studentschen t-Verteilung mit dem Freiheitsgrad m findet man in Tafelwerken und Statistik-Büchern (K. Bosch, Angewandte mathematische Statistik, J. Heinhold, K.- W. Gaede, Ingenieurstatistik).

Einige solche Werte sind in der untenstehenden Tabelle aufgeführt.

Fraktilwerte $t^{(m)}_{1-\alpha}$ der Studentschen t-Verteilung

m \ $1-\alpha$	0,9	0,95	0,975	0,99	0,995
1	3,08	6,31	12,71	31,82	63,66
2	1,89	2,92	4,30	6,96	9,92
3	1,64	2,35	3,18	4,54	5,84
4	1,53	2,13	2,78	3,75	4,60
5	1,48	2,02	2,57	3,36	4,03
9	1,38	1,83	2,26	2,82	3,25
10	1,37	1,81	2,23	2,76	3,17
14	1,35	1,76	2,14	2,62	2,98
15	1,34	1,75	2,13	2,60	2,95

Tabelle 34.1

Test der Hyothese $H_o: \mu = \mu_o$
beim Testniveau (Irrtumswahrscheinlichkeit) α

	σ bekannt	σ unbekannt
1. Berechne	$\bar{x} = \frac{1}{n}(x_1 + x_2 + \ldots + x_n)$ $u = \frac{\bar{x} - \mu_o}{\sigma/\sqrt{n}}$	$\bar{x} = \frac{1}{n}(x_1 + x_2 + \ldots + x_n)$ $s^2 = \frac{1}{n-1}(x_1^2 + x_2^2 + \ldots + x_n^2 - n \cdot \bar{x}^2)$ $s = \sqrt{s^2}$ $t = \frac{\bar{x} - \mu_o}{s/\sqrt{n}}$
2. Schlage den benötigten Fraktilwert nach in	Tabelle der standar= disierten Normalver= teilung	Tabelle der Studentschen t-Verteilung
3. Lehne $H_o: \mu = \mu_o$ ab, wenn im Falle der Alternative		
$H_1: \mu \neq \mu_o$	$\lvert u \rvert > u_{1-\alpha/2}$	$\lvert t \rvert > t_{1-\alpha/2}^{(n-1)}$
$H_1: \mu < \mu_o$	$u < -u_{1-\alpha}$	$t < -t_{1-\alpha}^{(n-1)}$
$H_1: \mu > \mu_o$	$u > u_{1-\alpha}$	$t > t_{1-\alpha}^{(n-1)}$

Beispiel 34.1.1: Für eine bestimmte Automarke wird ein Benzin= verbrauch von 10 l pro 100 km unter "Normbedingungen" vom Hersteller angegeben. Man nehme an, daß der tatsächliche Verbrauch pro 100 km normalverteilt sei mit der Varianz $\sigma^2 = 4\ l^2$. Bei einer Nachprüfung wurden 2500 km zurück= gelegt. Dabei wurden 270 l Benzin verbraucht. Beim Test= niveau $\alpha = 1\%$ teste man die Hypothese, daß der vom Her= steller angegebene Normverbrauch von $\mu_o = 10$ l richtig ist $(\mu = \mu_o)$ gegen die Alternative, daß er höher ist $(\mu > u_o)$.

Lösung: Ist x_1 der Literverbrauch auf den 1. hundert Kilome= tern, x_2 der Literverbrauch auf den 2. hundert Kilome= tern, usw. bis x_{25}, dann ist $x_1 + x_2 + \ldots + x_{25} = 270$ l .

Somit ist $\bar{x} = \frac{1}{25}(x_1 + x_2 + \ldots + x_{25}) = \frac{270}{25}\,l = 10{,}8\,l$.

Da $\sigma = 2\,l$ bekannt ist, berechnet man $u = \frac{\bar{x} - \mu_0}{\sigma/\sqrt{n}} = \frac{10{,}8 - 10}{2/\sqrt{25}} = 2$

Es liegt die einseitige Alternative $H_1: \mu > \mu_0 = 10\,l$ vor.
In der Tabelle der standardisierten Normverteilung schlägt man den Fraktilwert $u_{1-\alpha} = u_{1-1\%} = u_{0,99}$ nach: $u_{0,99} = 2{,}326$.
Da $u = 2 < 2{,}326 = u_{0,99}$ ist, so wird die Hypothese $H_0: \mu = \mu_0 = 10\,l$ beim Testniveau $\alpha = 1\,\%$ nicht verworfen.

<u>Beispiel 34.1.2:</u> Der Sollwert des Durchmessers eines Bolzens beträgt 4 mm. Um die Einstellung der Maschine auf den Sollwert zu kontrollieren, wurde vor Beginn der Produktion eine Probeserie von 10 Stück gefertigt. Dabei ergab sich $\bar{x} = 3{,}997$ mm und $s = 0{,}003$ mm. Unter der Annahme, daß die Grundgesamtheit normalverteilt ist, prüfe man die Hypothese, daß der Sollwert eingehalten wird, gegen die zweiseitige Alternative bei einer Sicherheitswahrschein=lichkeit von $P = 95\,\%$ ($P = 1 - \alpha$, α Testniveau).

<u>Lösung:</u> Es ist $n = 10$, $\mu_0 = 4{,}0$ mm; $\alpha = 1 - 0{,}95 = 0{,}05$;
$\bar{x} = 3{,}997$ mm, $s = 0{,}003$ mm.
Da σ unbekannt ist, berechnet man $t = \frac{\bar{x} - \mu_0}{s/\sqrt{n}} = \frac{3{,}997 - 4{,}0}{0{,}003/\sqrt{10}}$
$t = 3{,}16$.
Es liegt die zweiseitige Alternative $H_1: \mu \neq \mu_0 = 4{,}0$ mm vor. In der Tabelle der Studentschen t-Verteilung schlägt man den Fraktilwert $t^{(n-1)}_{1-\alpha/2} = t^{(9)}_{1-0{,}025} = t^{(9)}_{0{,}975} = 2{,}26$ nach.
Da $|t| = 3{,}16 > 2{,}26 = t^{(9)}_{0{,}975}$ ist, so wird die Hypothese $H_0: \mu = \mu_0 = 4{,}0$ mm, daß der Sollwert eingehalten wird, zu Gunsten der zweiseitigen Alternative $H_1: \mu \neq \mu_0$, daß der Sollwert nicht eingehalten wird, bei Testniveau $\alpha = 5\,\%$ verworfen.

<u>34.2 Vertrauensintervalle</u>

Von einer Normalverteilung, deren Erwartungswert μ man nicht kennt, liegt eine Stichprobe $x_1, x_2, \ldots, x_n$ vor. Mit Hilfe dieser Stich=probenwerte kann man ein Intervall angeben, so daß der unbekannte Mittelwert μ mit einer Wahrscheinlichkeit $1 - \alpha$ in diesem Inter=vall, dem sogenannten <u>$(1 - \alpha)$-Vertrauensintervall</u> liegt.

Man unterscheidet nach oben und unten beschränkte (symmetrische) Vertrauensintervalle und nach oben bzw. unten unbeschränkte Vertrauensintervalle. Wie man solche Vertrauensintervalle ermittelt, ist in Tabelle 34.2 aufgeschrieben.

Tabelle 34.2

(1 - α)-Vertrauensintervalle für den Erwartungswert μ

	σ bekannt	σ unbekannt
1. Berechne	$\bar{x} = \frac{1}{n}(x_1 + x_2 + \ldots + x_n)$	$\bar{x} = \frac{1}{n}(x_1 + x_2 + \ldots + x_n)$ $s^2 = \frac{1}{n-1}(x_1^2 + x_2^2 + \ldots + x_n^2 - n\bar{x}^2)$ $s = \sqrt{s^2}$
2. Schlage den benötigten Fraktilwert nach in	Tabelle der standardisierten Normalverteilung	Tabelle der Studentschen t-Verteilung
3. Berechne Intervallgrenzen		
oben und unten beschränkt	$\left[\bar{x} - u_{1-\alpha/2} \cdot \frac{\sigma}{\sqrt{n}} ;\ \bar{x} + u_{1-\alpha/2} \cdot \frac{\sigma}{\sqrt{n}}\right]$	$\left[\bar{x} - t_{1-\alpha/2}^{(n-1)} \cdot \frac{s}{\sqrt{n}} ;\ \bar{x} + t_{1-\alpha/2}^{(n-1)} \cdot \frac{s}{\sqrt{n}}\right]$
einseitig nach unten beschränkt	$\left[\bar{x} - u_{1-\alpha} \cdot \frac{\sigma}{\sqrt{n}} ;\ \infty\right)$	$\left[\bar{x} - t_{1-\alpha}^{(n-1)} \cdot \frac{s}{\sqrt{n}} ;\ \infty\right)$
einseitig nach oben beschränkt	$\left(-\infty ;\ \bar{x} + u_{1-\alpha} \cdot \frac{\sigma}{\sqrt{n}}\right]$	$\left(-\infty ;\ \bar{x} + t_{1-\alpha}^{(n-1)} \cdot \frac{s}{\sqrt{n}}\right]$

Die im Kapitel 34.1 angegebenen Tests kann man auch über die Berechnung eines Vertrauensintervalles durchführen.
Beim Test $H_0: \mu = \mu_0$, $H_1: \mu \neq \mu_0$ lehnt man H_0 ab, wenn μ_0 nicht im nach oben und unten beschränkten $(1-\alpha)$- Vertrauensintervall liegt.
Beim Test $H_0: \mu = \mu_0$, $H_1: \mu < u_0$ lehnt man H_0 ab, wenn μ_0 nicht im einseitig nach oben beschränkten $(1-\alpha)$-Vertrauensintervall liegt.
Beim Test $H_0: \mu = \mu_0$, $H_1: \mu > u_0$ lehnt man H_0 ab, wenn μ_0 nicht im einseitig nach unten beschränkten $(1-\alpha)$-Vertrauensintervall liegt.

Beispiel 34.2: Eine Verpackungsmaschine für Waschmittelpakete wird getestet, ob sie zuviel Waschmittel pro Paket einwiegt.

a) Von der Produktion wird eine Stichprobe vom Umfang $n = 25$ Paketen entnommen. Das arithmetische Mittel des Inhalts dieser 25 Pakete ergibt $\bar{x} = 3{,}012$ kg. Unter der Annahme, daß die Grundgesamtheit normalverteilt mit der Varianz $\sigma^2 = 0{,}016$ kg^2 ist, erstelle man das einseitige nach unten beschränkte 99 % Vertrauensintervall für den Erwartungswert μ des Inhalts.
b) Das Sollgewicht des Inhalts eines Paketes betrage $\mu_0 = 3$ kg Waschmittel. Man teste bei einer Sicherheitswahrscheinlichkeit von $P = 1-\alpha = 99\,\%$ aufgrund der Stichprobe von a) die Hypothese H_0, daß die Verpackungsmaschine richtig einwiegt $(\mu = \mu_0)$, gegen die Alternative H_1, daß sie zuviel einwiegt $(\mu > \mu_0)$.

Lösung:

a) Es ist $n = 25$; $\sigma = 0{,}04$ kg ; $\alpha = 1 - 99\,\% = 0{,}01$; $\bar{x} = 3{,}012$ kg.
Da $\sigma = 0{,}04$ kg bekannt ist, lautet nach Tabelle 34.2 das einseitig nach unten beschränkte Vertrauensintervall

$$\left[\bar{x} - u_{1-\alpha} \cdot \frac{\sigma}{\sqrt{n}} ; \infty\right) = \left[3{,}012 - 2{,}326 \cdot \frac{0{,}04}{5} ; \infty\right) = \left[2{,}9934 ; \infty\right)$$

b) Der Wert $\mu_o = 3$ kg liegt im 99%-Vertrauensintervall. Also lehnt man die Hypothese $H_o: \mu = \mu_o = 3$ kg beim Testniveau $\alpha = 1\%$ nicht ab gegenüber der Hypothese $H_1: \mu > \mu_o$.

Aufgaben: 34.1 - 34.2

35. Wahrscheinlichkeitsrechnung

35.1 Wahrscheinlichkeiten von Ereignissen

Ein Ereignis A eines Zufallsexperiments kann man als Teilmenge A der Menge Ω aller möglichen Ergebnisse des Zufallsexperiments auffassen.

Die Wahrscheinlichkeit des Ereignisses A ist eine Zahl P(A) mit $0 \leq P(A) \leq 1$.

a) Das Ereignis $\bar{A} = \Omega \setminus A$ ist das Ereignis, daß das Ereignis A nicht eingetreten ist. $\bar{A}$ heißt das "zu A komplementäre" Ereignis. Es ist

$$P(\bar{A}) = 1 - P(A)$$

b) Das Ereignis $A \cup B$ ist das Ereignis, daß das Ereignis A oder das Ereignis B (oder A und B zugleich) eingetreten ist.

b1) Können die Ereignisse A und B nicht zu=gleich eintreten, d.h. sind A und B unvereinbar (disjunkt) in Zeichen $A \cap B = \emptyset$, so ist

$$P(A \cup B) = P(A) + P(B)$$

b2) Für zwei beliebige (auch nicht disjunkte) Ereignisse A und B gilt

$$P(A \cup B) = P(A) + P(B) - P(A \cap B)$$

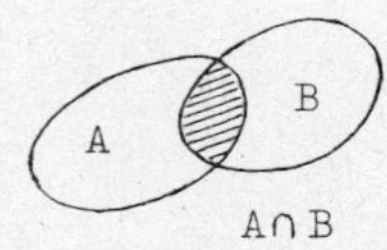

c) Das Ereignis $A \cap B$ ist das Ereignis, daß das Ereignis A und das Ereignis B zugleich eintreten.

Die Ereignisse A und B heißen unabhängig, wenn das Ein=treffen von A unbeeinflußt vom Eintreffen von B ist, und umgekehrt. Sind A und B unabhängige Ereignisse, dann gilt

$$P(A \cap B) = P(A) \cdot P(B)$$

und umgekehrt.

Beispiel 35.1.1: Ist A das Ereignis beim Wurf mit einem Würfel eine "sechs" zu werfen, $A = \{6\}$, so ist das Ereignis $\bar{A}$ das Ereignis bei diesem Wurf keine "sechs" zu werfen, d.h. eine "eins" oder "zwei" oder "drei" oder "vier" oder "fünf" zu werfen, $\bar{A} = \{1, 2, 3, 4, 5\}$.

$$P(A) = \frac{1}{6} \quad ; \quad P(\bar{A}) = 1 - \frac{1}{6} = \frac{5}{6}.$$

Beispiel 35.1.2: Ist A das Ereignis beim Wurf mit einem Würfel eine "sechs" und B das Ereignis bei diesem Wurf eine "vier" zu werfen, $A = \{6\}$, $B = \{4\}$, so ist $A \cup B$ das Ereignis dabei eine "vier" oder eine "sechs" zu werfen, $A \cup B = \{4, 6\}$. Die beiden Ereignisse A und B sind unvereinbar (disjunkt), denn man kann nicht eine "sechs" und "vier" zugleich werfen. Also ist

$$P(A \cup B) = P(A) + P(B) = \frac{1}{6} + \frac{1}{6} = \frac{1}{3}.$$

Beispiel 35.1.3: Ist A das Ereignis beim Wurf mit einem Würfel eine Zahl ≥ 3 zu werfen und B das Ereignis bei diesem Wurf eine gerade Zahl zu werfen, so ist $A \cup B$ das Ereignis eine Zahl ≥ 3 oder eine gerade Zahl zu werfen, d.h. eine 2, 3, 4, 5 oder 6 zu werfen. $A = \{3, 4, 5, 6\}$, $B = \{2, 4, 6\}$,

$$A \cup B = \{2, 3, 4, 5, 6\}$$

Die beiden Ereignisse A und B sind nicht disjunkt, denn das Ereignis A und das Ereignis B treten zugleich auf, wenn man eine 4 oder eine 6 würfelt. Das Ereignis $A \cap B$ ist also das Ereignis eine 4 oder eine 6 zu würfeln, $A \cap B = \{4, 6\}$.

$$P(A) = \frac{4}{6}, \quad P(B) = \frac{3}{6}, \quad P(A \cap B) = \frac{2}{6}$$

$$P(A \cup B) = P(A) + P(B) - P(A \cap B) = \frac{5}{6}$$

Beispiel 35.1.4: Das Zufallsexperiment bestehe im zweimaligen Werfen mit einem Würfel. Es sei A das Ereignis, beim ersten Wurf eine 6 zu werfen und B das Ereignis beim zweiten Wurf eine 6 zu werfen, $A = \{W_1 = 6\}$, $B = \{W_2 = 6\}$. Dann ist $A \cap B$ das Ereignis beim ersten Wurf eine 6 und beim zweiten Wurf eine 6 zu werfen, $A \cap B = \{W_1 = 6 \text{ und } W_2 = 6\}$. Das Ereignis A, beim ersten Wurf eine 6 zu werfen, beeinflußt in keiner Weise das Ergebnis des zweiten Wurfes, also sind A und B unabhängig.

Also ist $P(A \cap B) = P(A) \cdot P(B) = \frac{1}{6} \cdot \frac{1}{6} = \frac{1}{36}$.

Beispiel 35.1.5: Wie groß ist die Wahrscheinlichkeit, beim zweimaligen Werfen mit einem Würfel mindestens eine 6 zu werfen?

Lösung: Ist $A = \{W_1 = 6\}$ und $B = \{W_2 = 6\}$ wie im Beispiel 35.1.4, so ist das zu betrachtende Ereignis

$$C = \{W_1 = 6 \text{ oder } W_2 = 6\} = A \cup B.$$

Die Ereignisse A und B sind nicht disjunkt, denn das Ereignis $\{(6,6)\}$ beim ersten und beim zweiten Wurf eine 6 zu werfen, ist sowohl in A als auch in B enthalten,

						$W_2 = 6$	
	(1,1)	(1,2)	(1,3)	(1,4)	(1,5)	(1,6)	
	(2,1)	(2,2)	(2,3)	(2,4)	(2,5)	(2,6)	
	(3,1)	(3,2)	(3,3)	(3,4)	(3,5)	(3,6)	B
	(4,1)	(4,2)	(4,3)	(4,4)	(4,5)	(4,6)	
	(5,1)	(5,2)	(5,3)	(5,4)	(5,5)	(5,6)	
$W_1 = 6$	(6,1)	(6,2)	(6,3)	(6,4)	(6,5)	(6,6)	
				A		$A \cap B$	

$$A \cap B = \{(6,6)\} \neq \emptyset .$$

1.Komponente: Ergebnis des ersten Wurfes
2.Komponente: Ergebnis des zweiten Wurfes

Nun ist $P(A) = \frac{1}{6}$, $P(B) = \frac{1}{6}$,

$$P(A \cap B) = \frac{1}{6} \cdot \frac{1}{6} = \frac{1}{36},$$

damit $P(C) = P(A \cup B) = P(A) + P(B) - P(A \cap B) =$

$$= \frac{1}{6} + \frac{1}{6} - \frac{1}{36} = \frac{11}{36} .$$

35.2 Bedingte Wahrscheinlichkeiten

Die bedingte Wahrscheinlichkeit $P(A \mid B)$ ist die Wahrscheinlich= keit, daß das Ereignis A eintritt, unter der Voraussetzung (Bedingung), daß das Ereignis B eintritt. Es gilt

$$P(A \mid B) = \frac{P(A \cap B)}{P(B)}$$

Beispiel 35.2.1: Aus einem Kartenspiel mit 52 Karten (vier Farben mit jeweils einem As) wird verdeckt eine Karte ge= zogen.
Es sei A das Ereignis, ein As zu erhalten, B das Ereignis, die Farbe "Herz" zu erhalten. Die Wahrscheinlichkeit, "Herz As" zu ziehen, ist $P(A \cap B) = \frac{1}{52}$.
Die Wahrscheinlichkeit, die Farbe Herz zu ziehen, ist $P(B) = \frac{1}{4}$.
Die Wahrscheinlichkeit, daß die Karte ein As ist, unter der Voraussetzung, daß man Herz zieht, ist

$$P(A \mid B) = \frac{P(A \cap B)}{P(B)} = \frac{1/52}{1/4} = \frac{1}{13} .$$

Die Wahrscheinlichkeit $P(A \mid B)$ kann man auch direkt aus= rechnen: Unter den 52 Karten sind 13 von der Farbe Herz. Nur diese 13 Karten kommen in Betracht; unter diesen 13 Kar= ten ist ein As, also gilt $P(A \mid B) = \frac{1}{13}$.

<u>Bemerkung 1:</u> Da die bedingte Wahrscheinlichkeit oft einfach aus der Problemstellung zu erhalten ist, wird sie oft benutzt um $P(A \cap B)$ mit Hilfe von $P(A | B)$ auszurechnen:

$$P(A \cap B) = P(A | B) \cdot P(B)$$

<u>Satz von der totalen Wahrscheinlichkeit, Satz von Bayes</u>

Hat man eine disjunkte Zerlegung der Menge aller möglichen Ergebnisse des Zufallsexperiments:

$$\Omega = C_1 \cup C_2 \cup \ldots \cup C_n \text{ mit } C_i \cap C_j = \emptyset \quad (i \neq j),$$

dann gilt für ein beliebiges Ereignis A:

$$P(A) = P(A | C_1) P(C_1) + P(A | C_2) P(C_2) + \ldots + P(A | C_n) P(C_n).$$

Für beliebige Ereignisse A und B gilt

$$P(B | A) = \frac{P(A | B) P(B)}{P(A | C_1) P(C_1) + P(A | C_2) P(C_2) + \ldots + P(A | C_n) P(C_n)}.$$

<u>Beispiel 35.2.2:</u> In einer Fabrik seien für die Herstellung eines gewissen Werkstücks drei Maschinen M_1, M_2, M_3 ver= schiedener Präzision und Leistung in Betrieb. Die produ= zierten Werkstücke von M_1 haben einen Ausschußanteil von 3 %, die von M_2 einen Ausschußanteil von 7 % und die von M_3 einen Ausschußanteil von 4 %. Die von den drei Maschinen angefertigten Werkstücke werden gemischt, so daß 50 % der gemischten Werkstücke von M_1, 20 % von M_2 und 30 % von M_3 herrühren. (Mischungsverhältnis 5 : 2 : 3) Man zieht aus der Mischung ein Werkstück.

a) Wie groß ist die Wahrscheinlichkeit, daß das gezogene Werkstück ein Ausschußstück ist?

b) Wie groß ist die Wahrscheinlichkeit, daß ein gezogenes Ausschußstück von der Maschine M_1 stammt?

<u>Lösung:</u>

a) Es sei C_i das Ereignis, daß das gezogene Werkstück von der Maschine M_i stammt, $i = 1, 2, 3$.
Es sei A das Ereignis, daß das gezogene Werkstück Ausschuß ist.
Der Sachverhalt der Aufgabenstellung läßt sich mathema= tisch, wie folgt, fassen:

$$P(C_1) = 50\,\% = \frac{50}{100}, \quad P(C_2) = 20\,\% = \frac{20}{100}, \quad P(C_3) = 30\,\% = \frac{30}{100}.$$

Da ein gezogenes Werkstück aus einer der drei Maschinen stammt, ist $C_1 \cup C_2 \cup C_3 = \Omega$. Da ein gezogenes Werkstück nicht aus zwei verschiedenen Maschinen zugleich stammen kann, so ist $C_i \cap C_j = \emptyset \quad (i \neq j)$.

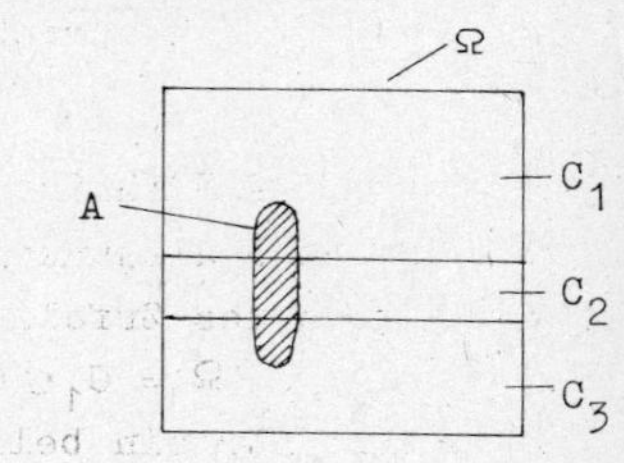

C_1, C_2, C_3 ist also eine disjunkte Zerlegung von Ω.

Ferner sind die folgenden bedingten Wahrscheinlichkeiten gegeben:

die Wahrscheinlichkeit, daß das gezogene Werkstück Ausschuß ist, unter der Voraussetzung, daß es von der Maschine M_i stammt:

$$P(A|C_1) = 3\% = \frac{3}{100}, \quad P(A|C_2) = 7\% = \frac{7}{100}, \quad P(A|C_3) = \frac{4}{100}.$$

Anwendung des Satzes von der totalen Wahrscheinlichkeit liefert:

$$P(A) = P(A|C_1)\,P(C_1) + P(A|C_2)\,P(C_2) + P(A|C_3)\,P(C_3) =$$
$$= \frac{3}{100}\cdot\frac{50}{100} + \frac{7}{100}\cdot\frac{20}{100} + \frac{4}{100}\cdot\frac{30}{100} = \frac{4,1}{100} = 4,1\,\%$$

b) Zu bestimmen ist die Wahrscheinlichkeit, daß das gezogene Werkstück von der Maschine M_1 stammt, vorausgesetzt, daß man ein Ausschußstück gezogen hat, also die bedingte Wahrscheinlichkeit $P(C_1|A)$.

Anwendung des Satzes von Bayes liefert:

$$P(C_1|A) = \frac{P(A|C_1)\,P(C_1)}{P(A|C_1)\,P(C_1) + P(A|C_2)\,P(C_2) + P(A|C_3)\,P(C_3)} =$$
$$= \frac{\frac{3}{100}\;\frac{50}{100}}{\frac{41}{1000}} = \frac{30}{82} \approx 36,58\,\%$$

<u>Bemerkung 2</u>: Sind die Ereignisse A und B unabhängig, so beeinflußt das Eintreten von B in keiner Weise das Eintreten von A, d.h. es ist $P(A|B) = P(A)$.

35.3 Diskrete Gleichverteilung

Besonders einfach lassen sich Wahrscheinlichkeiten bei einem Zufallsexperiment mit den beiden folgenden Eigenschaften be= rechnen:

a) nur endlich viele sich einander ausschließende Versuchs= ergebnisse sind möglich und
b) jedes dieser Versuchsergebnisse tritt mit der gleichen Wahrscheinlichkeit auf.

Die Wahrscheinlichkeit eines Ereignisses A berechnet man mit der Abzählregel:

$$P(A) = \frac{\text{Anzahl der für A günstigen Fälle}}{\text{Anzahl aller möglichen Fälle}}$$

Beispiel 35.3.1: Beim Wurf mit einem Würfel hat man die sechs möglichen (sich ausschließenden) Ergebnisse eine 1, 2, 3, 4, 5 oder 6, zu erhalten. Bei einem fairen Würfel tritt jedes dieser Ergebnisse mit der gleichen Wahrscheinlich= keit auf.
Für das Ereignis A eine Zahl ≥ 3 zu werfen, sind die für A günstigen Fälle, eine 3, 4, 5 oder 6 zu werfen. Dann berechnet sich die Wahrscheinlichkeit für das Ereignis A nach der Abzählregel:

$$P(A) = \frac{\text{Anzahl der für A günstigen Fälle}}{\text{Anzahl aller möglichen Fälle}} = \frac{4}{6} = \frac{2}{3}$$

Beispiel 35.3.2: Wie groß ist die Wahrscheinlichkeit beim Wurf mit zwei fairen Würfeln die Augensumme 10 zu erhalten?

Lösung: Um die Abzählregel anwenden zu können, sucht man nach gleichwahrscheinlichen Ergebnissen des Zufallsexperi= ments. Man weiß, daß es beim Wurf mit einem Würfel die sechs gleichwahrscheinlichen Ergebnisse

$i = 1, 2, 3, 4, 5$ oder 6 gibt.

Nun stellt man sich vor, daß die beiden Würfel unter= scheidbar sind. Die Wahrscheinlichkeit, daß man mit dem ersten Würfel die Augenzahl i erhält ist $\frac{1}{6}$,

die Wahrscheinlichkeit, daß man mit dem zweiten Würfel die Augenzahl j erhält, ist ebenfalls $\frac{1}{6}$.
Nun beeinflußt das Ergebnis des einen Würfels nicht das Ergebnis des anderen Würfels, die Ergebnisse der beiden Würfel sind also voneinander unabhängig. Die Wahrscheinlichkeit mit dem ersten Würfel die Augenzahl i und mit dem zweiten Würfel die Augenzahl j zu erhalten ist folglich

$$P(W_1 = i, W_2 = j) = \frac{1}{6} \cdot \frac{1}{6} = \frac{1}{36} \; ; i = 1,\ldots,6, \; j = 1\ldots,6.$$

Man hat also 36 sich ausschließende gleichwahrscheinliche Ergebnisse des Zufallsexperiments.
Für das Ereignis A, die Augensumme 10 zu erhalten, sind die folgenden Fälle "günstig" : $(W_1 = 4, W_2 = 6)$ oder $(W_1 = 5, W_2 = 5)$ oder $(W_1 = 6, W_2 = 4)$. Also ist die Anzahl der günstigen Fälle gleich 3.
Mit der Abzählregel erhält man:

$$P(A) = \frac{3}{36} = \frac{1}{12}.$$

35.4 Binomialverteilung

Ein Zufallsexperiment bestehe aus n unabhängigen Wiederholungen eines Einzelexperiments. Bei jedem Einzelexperiment interessiert man sich nur für das Eintreten eines bestimmten Ereignisses A. Man zählt die Anzahl X der Einzelexperimente, bei denen das Ereignis A eintritt.
Ist $p = P(A)$ die Wahrscheinlichkeit, daß im Einzelexperiment das Ergebnis A eintritt, so ist die Wahrscheinlichkeit, daß unter n Einzelexperimenten insgesamt $X = i$ mal das Ergebnis A eintritt, gleich

$$P(X = i) = \binom{n}{i} p^i (1 - p)^{n-i}$$

(Binomialverteilung). dabei ist $\binom{n}{i} = \frac{n \cdot (n-1) \cdot \ldots \cdot (n-i+1)}{1 \cdot 2 \cdot \ldots \cdot i}$

Es ist
Erwartungswert $E(X) = n \cdot p$, Varianz $V(X) = n \cdot p(1 - p)$.

Beispiel 35.4: Bei der Massenproduktion von bestimmten Taschen= rechnern sind 0,2 % der Geräte schadhaft.

a) Man entnimmt der Produktion 100 Geräte und prüft diese auf Schadhaftigkeit. Wie groß ist die Wahrscheinlichkeit, daß unter den 100 Geräten höchstens zwei fehlerhaft sind?

b) Wieviel Geräte muß man mindestens untersu= chen, damit unter diesen mit einer Wahr= scheinlichkeit von mindestens 90 % min= destens 1 fehlerhaftes Gerät ist?

Lösung: a) Das Einzelexperiment besteht im Prüfen eines Gerätes. Man interessiert sich dabei für das Ereignis A, ob das Gerät schadhaft ist. Dies ist mit der Wahrschein= lichkeit $p = p(A) = 0{,}2\,\% = 0{,}002$ der Fall.
Es werden $n = 100$ solche Einzelexperimente durchge= führt. Die Anzahl X der schadhaften Geräte ist binomialverteilt mit $p = 0{,}002$, $n = 100$. Die Wahr= scheinlichkeit unter 100 Geräten höchstens zwei fehlerhafte zu haben, ist

$$
\begin{aligned}
P(X \leq 2) &= P(X = 0) + P(X = 1) + P(X = 2) = \\
&= \binom{n}{0}p^0(1-p)^n + \binom{n}{1}p^1(1-p)^{n-1} + \binom{n}{2}p^2(1-p)^{n-2} \\
&= 1\cdot 1\cdot 0{,}998^{100} + \frac{100}{1}\cdot 0{,}002\cdot 0{,}988^{99} + \\
&\qquad + \frac{100\cdot 99}{1\cdot 2}\cdot 0{,}002^2\cdot 0{,}998^{98} = \\
&= 0{,}8186 + 0{,}1640 + 0{,}0163 = 0{,}9989
\end{aligned}
$$

b) Es sei n die Anzahl der Geräte, die man mindestens untersuchen muß, unter diesen n Geräten seien X schadhafte. Für die unbekannte Anzahl n ist folgen= de Bedingung gegeben:

$$P(X \geq 1) \geq 90\,\%$$

Die Anzahl X ist binomialverteilt mit $p = 0{,}002$ und unbekanntem n:

$$
\begin{aligned}
P(X \geq 1) &= 1 - P(X < 1) = 1 - P(X = 0) = \\
&= 1 - \binom{n}{0}p^0(1-p)^n = 1 - 0{,}998^n
\end{aligned}
$$

Die gegebene Bedingung liefert für das unbekannte n die Ungleichung

$$1 - 0{,}998^n \geq 0{,}9$$

oder $$0{,}988^n \leq 0{,}1$$

Logarithmieren dieser Ungleichung liefert

$$n \log 0{,}998 \leq \log 0{,}1 \quad \Rightarrow$$

$$n\,(-\ 0{,}0009\ ) \quad \Rightarrow$$

$$n \geq \frac{1}{0{,}0009} \approx 1111$$

Man muß also mindestens $n = 1111$ Geräte untersuchen, um mit einer Wahrscheinlichkeit von mindestens 90 % mindestens 1 fehlerhaftes Gerät zu erhalten.

35.5 Zufallsvariablen

Die Verteilungsfunktion $F(x)$ einer Zufallsvariablen X gibt die Wahrscheinlichkeit des Ereignisses an, daß X einen Wert $\leq x$ annimmt:

$$F(x) = P(X \leq x)$$

Die Wahrscheinlichkeit, daß die Zufallsvariable X einen Wert im Intervall (a, b] annimmt, kann mit Hilfe der Verteilungs=funktion geschrieben werden:

$$P(a < X \leq b) = F(b) - F(a)\,.$$

Diskrete Zufallsvariable

Eine diskrete Zufallsvariable nimmt nur endlich viele (oder abzählbar unendlich viele) diskrete Werte

$x_1, x_2, \ldots, x_n$ an.

Die Verteilung einer diskreten Zufallsvariablen wird meist durch die diskreten Wahrschein=lichkeiten

$$p_i = P(X = x_i)$$

angegeben.

Stetige Zufallsvariable

Eine stetige Zufallsvariable nimmt Werte x in einem ganzen (beschränkten oder unbeschränk=ten) Intervall an.

Die Verteilung einer stetigen Zufallsvariablen wird meist durch eine Dichte $f(x)$ angege=ben.

Es muß gelten

$$\sum_{\text{alle } x_i} p_i = 1$$

Für die Verteilungsfunktion gilt

$$F(x) = P(X \leq x) = \sum_{x_i \leq x} p_i$$

Für das Ereignis $a \leq X \leq b$ gilt

$$P(a \leq X \leq b) = \sum_{a \leq x_i \leq b} p_i$$

Erwartungswert:

$$E(X) = \sum_{\text{alle } x_i} x_i \cdot p_i$$

Zweites Moment:

$$E(X^2) = \sum_{\text{alle } x_i} x_i^2 \cdot p_i$$

Varianz:

$$V(X) = E(X^2) - (E(X))^2$$

Es muß gelten

$$\int_{\text{alle } x} f(x)\,dx = 1$$

Für die Verteilungsfunktion gilt

$$F(x) = P(X \leq x) = \int_{t \leq x} f(t)\,dt$$

Für das Ereignis $a \leq X \leq b$ gilt

$$P(a \leq X \leq b) = \int_a^b f(x)\,dx$$

Erwartungswert:

$$E(X) = \int_{\text{alle } x} x\,f(x)\,dx$$

Zweites Moment:

$$E(X^2) = \int_{\text{alle } x} x^2 f(x)\,dx$$

Varianz:

$$V(X) = E(X^2) - (E(X))^2$$

Beispiel 35.5.1: Beim Wurf mit einem Würfel ist die geworfene Augenzahl eine diskrete Zufallsvariable X. Sie nimmt die sechs diskreten Werte $x_1 = 1$, $x_2 = 2$, $x_3 = 3$, $x_4 = 4$, $x_5 = 5$, $x_6 = 6$ an. Die diskreten Wahrscheinlichkeiten sind

$$p_1 = P(X = 1) = \frac{1}{6}, \ . \ . \ . \ , \ p_6 = P(X = 6) = \frac{1}{6} .$$

Die mittlere geworfene Augenzahl ist der Erwartungswert von X:

$$E(X) = \sum_{i=1}^{6} i \cdot p_i = \sum_{i=1}^{6} i \cdot \frac{1}{6} = \frac{1}{6} \ \frac{6(6+1)}{2} = \frac{7}{2} = 3{,}5$$

Das zweite Moment ist

$$E(X^2) = \sum_{i=1}^{6} i^2 \cdot \frac{1}{6} = \frac{1}{6} \sum_{i=1}^{6} i^2 = \frac{1}{6} \cdot \frac{6(6+1)(12+1)}{6} = \frac{91}{6} = 15{,}167$$

Die Varianz ist

$$V(X) = E(X^2) - (E(X))^2 = \frac{91}{6} - \frac{49}{4} = \frac{35}{12} = 2{,}9167$$

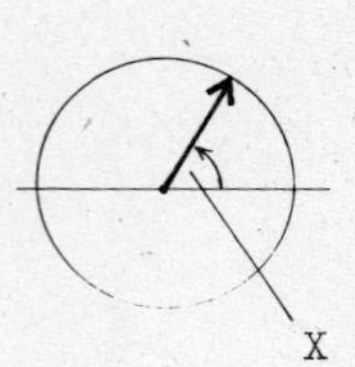

Beispiel 35.5.2: Die Endstellung eines Glücksrads läßt sich durch einen Winkel X beschreiben. Da jede Endstellung gleichwahrscheinlich ist, so liegt eine stetige Gleichverteilung im Intervall $(0; 2\pi]$ vor, d.h. die Dichte ist konstant auf dem Intervall $(0; 2\pi]$:

$$f(x) = \begin{cases} c & \text{für } 0 < x \leq 2\pi \\ 0 & \text{sonst} \end{cases}$$

Aus der Bedingung $\int_0^{2\pi} f(x)\,dx = 1$ folgt

$$\int_0^{2\pi} c\,dx = c \cdot 2\pi = 1 \quad \Rightarrow \quad c = \frac{1}{2\pi}$$

Verteilungsfunktion: $F(x) = \int_0^x \frac{1}{2\pi}\,dt = \frac{1}{2\pi}x$ für $0 < x \leq 2\pi$

$$F(x) = \begin{cases} 0 & \text{für } x \leq 0 \\ \frac{1}{2\pi}x & \text{für } 0 < x \leq 2\pi \\ 1 & \text{für } x > 2\pi \end{cases}$$

Erwartungswert: $E(X) = \int_0^{2\pi} x \cdot \frac{1}{2\pi}\,dx = \frac{1}{2\pi}\left[\frac{x^2}{2}\right]_0^{2\pi} = \pi$

Zweites Moment: $E(X^2) = \int_0^{2\pi} x^2 \cdot \frac{1}{2\pi}\,dx = \frac{1}{2\pi}\left[\frac{x^3}{3}\right]_0^{2\pi} = \frac{4}{3}\pi^2$

Varianz: $V(X) = E(X^2) - (E(X))^2 = \frac{1}{3}\pi^2$

Die Wahrscheinlichkeit, daß die Endstellung des Glücksrads in dem Winkelbereich von $\frac{\pi}{4}$ bis $\frac{\pi}{2}$ liegt, ist

$$P\left(\frac{\pi}{4} < X \leq \frac{\pi}{2}\right) = \int_{\pi/4}^{\pi/2} \frac{1}{2\pi}\,dx = \frac{1}{8}$$

Beispiel 35.5.3: Eine Poisson-verteilte Zufallsvariable X nimmt die diskreten Werte 0, 1, 2, . . . an mit den Wahrscheinlichkeiten

$$p_i = P(X = i) = e^{-\lambda}\frac{\lambda^i}{i!} \quad (i = 0, 1, 2, \dots) \text{ mit } \lambda > 0 .$$

Erwartungswert $E(X) = \sum_{i=0}^{\infty} i\, e^{-\lambda}\frac{\lambda^i}{i!} = e^{-\lambda}\lambda \sum_{i=1}^{\infty} \frac{\lambda^{i-1}}{(i-1)!} =$

$$= e^{-\lambda}\lambda \sum_{j=0}^{\infty} \frac{\lambda^j}{j!} = e^{-\lambda}\lambda e^{\lambda} = \lambda$$

(Für die Varianz errechnet man $V(X) = \lambda$.)

Beispiel 35.5.4: Eine exponentialverteilte Zufallsvariable X ist eine stetige Zufallsvariable mit Werten $0 \leq x < \infty$ und der Dichte

$$f(x) = \begin{cases} 0 & \text{für } x < 0 \\ \alpha e^{-\alpha x} & \text{für } x \geq 0 \end{cases} \quad \text{mit } \alpha > 0 .$$

Verteilungsfunktion: $F(x) = \int_0^x \alpha e^{-\alpha t}\, dt = 1 - e^{-\alpha x}$ für $0 \leq x$

Erwartungswert: $E(X) = \int_0^\infty x \alpha e^{-\alpha x}\, dx = \frac{\alpha}{\alpha^2} \left[e^{-\alpha x}(-\alpha x - 1) \right]_0^\infty = 1$

Zweites Moment: $E(X^2) = \int_0^\infty x^2 \alpha e^{-\alpha x}\, dx =$

$$= \alpha \left[e^{-\alpha x} \left(\frac{x^2}{-\alpha} - \frac{2x}{\alpha^2} + \frac{2}{-\alpha^3} \right) \right]_0^\infty = \frac{2}{\alpha^2}$$

Varianz: $V(X) = E(X^2) - (E(X))^2 = \frac{2}{\alpha^2} - \frac{1}{\alpha^2} = \frac{1}{\alpha^2}.$

Die Wahrscheinlichkeit, daß die Zufallsvariable X den Wert $x = 5$ übertrifft, ist

$$P(X > 5) = 1 - P(X \leq 5) = 1 - F(5) = e^{-5\alpha} .$$

Aufgaben: 35.1 - 35.10

II. Aufgaben aus Diplomvorprüfungen in Mathematik für Elektrotechniker an der TH Darmstadt

19.1: Man bestimme die allgemeine Lösung der Dgl:

$$y'' - 6y' + 9y = e^{3x}(1 + x^2)$$

und passe die Lösung den Anfangsbedingungen

$$y(0) = 1 \ , \quad y'(0) = 0 \quad \text{an.}$$

Frühjahr (F 72)

19.2: Man löse das reelle Anfangswertproblem

$$y''' - 3y'' + 4y = 0 \quad , \quad x \in \mathbb{R}$$
$$y(0) = 0 \ , \quad y'(0) = 2 \ , \quad y''(0) = -1$$

Herbst (H 72)

19.3: Man löse das reelle Anfangswertproblem

$$y''' - y'' - y' + y = 0 \quad , \quad x \in \mathbb{R}$$
$$y(0) = 1 \ , \quad y'(0) = 0 \ , \quad y''(0) = 3$$

(F 73)

19.4: a) Man bestimme die allgemeine Lösung der Dgl.

$$y'''' + 4y''' + 5y'' + 4y' + 4y = 0$$

b) Man bestimme die allgemeine Lösung der Dgl.

$$y'' - 2y' + 5y = e^x \cos 2x$$

Die homogene Dgl. hat die Lösung

$$y_h = e^x (C_1 \cos 2x + C_2 \sin 2x)$$

Man passe die allgemeine Lösung den Anfangsbedingungen

$$y(0) = 1 \ , \quad y'(0) = -1 \quad \text{an.}$$

(H 73)

19.5: a) Man bestimme die allgemeine Lösung der Dgl.

$$y'''' - 2y''' + 10y'' - 18y' + 9y = 0$$

b) Man bestimme die allgemeine Lösung der Dgl.

$$y''' - 5y'' + 8y' - 4y = e^{2x}$$

Die homogene Dgl. hat die Lösung

$$y_h(x) = C_1 e^x + C_2 e^{2x} + C_3 x e^{2x}$$

(F 74)

19.6: Man löse die Dgl.

$$y''' - 3y' + 2y = e^x \sin x$$

(H 74)

19.7: Man bestimme die allgemeine Lösung der Dgl.

$$y''' - y'' + 4y' - 4y = 10\cos 2x$$

und passe die Lösung den Anfangsbedingungen

$y(0) = 1$, $y'(0) = 1$, $y''(0) = -1$ an.

(H 75)

19.8: Geben Sie ein reelles Fundamentalsystem für die auf $\mathbb{R}$ definierte Dgl.

$$y''' + y'' + 3y' - 5y = 0$$ an.

(H 76)

19.9: Bestimmen Sie die allgemeine Lösung der Dgl.

$$y'' - 3y' - 4y = (1 - 6x)e^{2x} .$$

Welche Lösung erfüllt die Anfangswerte

$y(0) = 0$, $y'(0) = 6$?

(H 76)

19.10: Geben Sie ein reelles Fundamentalsystem und die allgemeine Lösung für die auf $\mathbb{R}$ definierte Dgl.

$$y'''' - 6y''' + 14y'' - 14y' + 5y = 0$$ an.

(F 77)

19.11: Bestimmen Sie die allgemeine Lösung der Dgl.

$$y'' + 6y' + 13y = 21\sin 2x + 3\cos 2x .$$

Welche Lösung erfüllt die Anfangswerte

$y(0) = 0$, $y'(0) = 3$?

(F 77)

20.1: Man löse die Dgl.

$$(x^2 + 2x + 1)y'' + (x + 1)y' + y = x^2 + 2\sin\ln(1 + x).$$

Hinweis: Man vereinfache durch eine naheliegende Transformation $z = f(x)$ die Dgl.

(H 71)

20.2: Man bestimme die allgemeine Lösung der Dgl.

$$(2x - 3)^2 y'' + 8(2x - 3)y' + 8y = 4(2x - 3)\sin(2x - 3)$$

für $x > \frac{3}{2}$.

Hinweis: durch eine naheliegende Transformation kann die Dgl. in eine Euler'sche Dgl. übergeführt werden.

(H 73)

20.3: Man löse die Dgl.

$$x^3 y''' + 3x^2 y'' - 2xy' + 2y = x\ln x$$

(F 75)

20.4: a) Man bestimme die allgemeine Lösung der Dgl.

$$x^3 y''' + 3x^2 y'' + xy' = 0, \qquad x > 0.$$

b) Die Dgl. $\dddot{y} - 3\dot{y} - 2y = 0$ hat die allgemeine Lösung

$$y = C_1 e^{-t} + C_2 t e^{-t} + C_3 e^{2t}.$$

Wie lautet die Lösung der Dgl.

$$\dddot{y} - 3\dot{y} - 2y = 18e^{2t}$$

mit den Anfangsbedingungen

$$y(0) = 0, \quad \dot{y}(0) = 6, \quad \ddot{y}(0) = 0\ ?$$

(F 76)

20.5: Wie lautet die allgemeine Lösung der Dgl.

$$x^3 y''' - x^2 y'' + 2xy' - 2y = (\ln x)\sin(2\ln x), \quad x > 0$$

(H 77)

21.1: Man löse das komplexe Anfangswertproblem

$$z^2 w'' - 3 z w' + 4 w = 2 z^2, \quad z \in \mathcal{L} = \mathbb{C} \setminus \{ x : -\infty < x \leq 0 \},$$

$$w(i) = 0, \quad w'(i) = -\pi$$

nach der Methode der Variation der Konstanten.

Hinweis: Die homogene Dgl. ist vom Euler'schen Typ.

(H 72)

21.2: Man bestimme die allgemeine Lösung der Euler'schen Dgl.

$$x^2 y'' + x y' - y = \frac{1}{x} \qquad x > 0,$$

nach der Methode der Variation der Konstanten.

(F 73)

21.3: Man bestimme die allgemeine Lösung der Dgl.

$$x^2 y'' + x y' - 4y = \frac{2 x^2}{1 + x^2}.$$

(F 74)

21.4: Wie lautet die allgemeine Lösung der Dgl.

$$y'' - y = \frac{2 e^{2x}}{e^x + 1} ?$$

Hinweis: Eine spezielle Lösung der inhomogenen Dgl. läßt sich durch Variation der Konstanten gewinnen.

(H 75)

22.1: Man bestimme die allgemeine Lösung des Dgln.-Systems

$$\frac{dy}{dx} + 3y + z = 0$$

$$\frac{dz}{dx} - y + z = 0$$

und passe die Lösung den Anfangsbedingungen

$y(0) = z(0) = 1$ an.

(H 71)

22.2: Man bestimme die allgemeine Lösung des Dgln.-Systems

$$\frac{dx}{dt} = z + y - x + e^{-t}$$

$$\frac{dy}{dt} = z + x - y$$

$$\frac{dz}{dt} = x + y + z$$

und passe die Lösung den Anfangsbedingungen

$x(0) = 1$, $y(0) = z(0) = 0$ an.

(F 72)

22.3: Man löse das folgende Anfangswertproblem für ein Dgl.-System

$$\left.\begin{aligned} \dot{x} &= -x + 3y - 3z \ , \\ \dot{y} &= -2x + 8y - 5z \ , \\ \dot{z} &= -2x + 6y - 3z \ . \end{aligned}\right\} t \in \mathbb{R} \ ,$$

$x(0) = 1$, $y(0) = 0$, $z(0) = -1$

(H 72)

22.4: Man ermittle die allgemeine Lösung des Dgl.-Systems

$$\left.\begin{aligned} \dot{x} &= x - 2y + 2z \ , \\ \dot{y} &= -x \quad\quad + z \ , \\ \dot{z} &= x - y + 2z \ . \end{aligned}\right\} t \in \mathbb{R}$$

(F 73)

22.5: Man löse das folgende Dgl.-System

$$\vec{y}\,' = A \cdot \vec{y} + \vec{b}$$

$$\text{mit } A = \begin{pmatrix} -1 & -4 \\ 1 & -5 \end{pmatrix}, \quad \vec{b} = \begin{pmatrix} \cos x & -5\sin x \\ -2\cos x & -5\sin x \end{pmatrix}$$

(H 74)

22.6: Man löse das Dgl.-System

$$\vec{y}\,' = A \cdot \vec{y} + \vec{b}$$

$$\text{mit } A = \begin{pmatrix} 5 & -24 \\ 6 & -19 \end{pmatrix} \text{und } \vec{b} = \begin{pmatrix} -5\cos 3x + 21\sin 3x \\ -3\cos 3x + 19\sin 3x \end{pmatrix}.$$

(F 75)

22.7: Gegeben sei das System von Dgln.

$$\begin{pmatrix} y_1' \\ y_2' \\ y_3' \end{pmatrix} = \begin{pmatrix} 0 & -1 & 1 \\ 0 & 0 & 1 \\ -1 & 0 & 1 \end{pmatrix} \begin{pmatrix} y_1 \\ y_2 \\ y_3 \end{pmatrix} + \begin{pmatrix} 1 \\ 0 \\ -1 \end{pmatrix} e^{-x}$$

Wie lautet die allgemeine Lösung in reeller Form ?

(H 75)

22.8: Man bestimme die allgemeine Lösung des Dgl.-Systems

$$\begin{pmatrix} y_1' \\ y_2' \\ y_3' \end{pmatrix} = \begin{pmatrix} 0 & 1 & 1 \\ 1 & 0 & 1 \\ 1 & 1 & 0 \end{pmatrix} \begin{pmatrix} y_1 \\ y_2 \\ y_3 \end{pmatrix} + e^{x} \begin{pmatrix} 0 \\ 2 \\ 0 \end{pmatrix}$$

(F 76)

22.9: Lösen Sie das Dgl.-System

$$y_1' = 3\,y_1 - 2\,y_2$$
$$y_2' = 2\,y_1 - 2\,y_2$$

mit den Anfangsbedingungen $y_1(0) = 2$, $y_2(0) = 8$.

(H 76)

22.10: Lösen Sie das Dgl.-System

$$\left.\begin{aligned} y_1' &= 2\,y_1 + y_2 \\ y_2' &= y_2 + y_3 \\ y_3' &= y_1 + y_2 \end{aligned}\right\} \text{ mit den Anfangsbedingungen } \left\{\begin{aligned} y_1(0) &= 4 \\ y_2(0) &= 0 \\ y_3(0) &= 0 \end{aligned}\right.$$

(F 77)

22.11: Wie lautet die allgemeine Lösung in reeller Form des Systems von Dgln.

$$\vec{y}\,' = A\vec{y}$$

$$A = \begin{pmatrix} 0 & 1 & 0 & 0 \\ 0 & 0 & 1 & 0 \\ 0 & 0 & 0 & 1 \\ 4 & 0 & -3 & 0 \end{pmatrix}$$

Welche Lösung genügt der Anfangsbedingung

$$\vec{y}\,(0) = \begin{pmatrix} 1 \\ 0 \\ 1 \\ -10 \end{pmatrix} \quad ?$$

(H 77)

22.12: Man bestimme die allgemeine Lösung des Differentialgleichungssystems

$$y_1' = y_1 + 4y_2 + 12y_3 + 1$$
$$y_2' = 2y_2 + 3y_3 - 1$$
$$y_3' = -y_2 - 2y_3$$

(F 78)

23.1: Gegeben sei das System von Dgln.:

$$\begin{pmatrix} \dot{y}_1 \\ \dot{y}_2 \end{pmatrix} = \begin{pmatrix} \frac{1}{t} & t \\ \frac{-\sin t}{t\sin t - t^2\cos t} & \frac{t^2\sin t}{t\sin t - t^2\cos t} \end{pmatrix} \begin{pmatrix} y_1 \\ y_2 \end{pmatrix} + \begin{pmatrix} t^2\sin t \\ \sin t \end{pmatrix}$$

a) Man zeige, daß

$$V(t) = \begin{pmatrix} t\sin t & t^2 \\ \cos t & 1 \end{pmatrix}$$

im Intervall $0 < t \leq \pi$ eine Lösungsbasis des homogenen Systems ist.

b) Man löse das inhomogene System mit den Anfangsbedingungen

$$\begin{pmatrix} y_1(\pi/2) \\ y_2(\pi/2) \end{pmatrix} = \begin{pmatrix} 0 \\ 2/\pi \end{pmatrix}$$

(H 73)

23.2: Gegeben sei das System von Dgln.:

$$\begin{pmatrix} \dot{y}_1 \\ \dot{y}_2 \end{pmatrix} = \begin{pmatrix} 1 & e^t \\ -e^{-t} & 0 \end{pmatrix} \cdot \begin{pmatrix} y_1 \\ y_2 \end{pmatrix} + \begin{pmatrix} \sin t \\ e^{-t}\cos t \end{pmatrix}$$

a) Man zeige, daß

$$V(t) = \begin{pmatrix} e^t\sin t & -e^t\cos t \\ \cos t & \sin t \end{pmatrix}$$

eine Lösungsbasis des homogenen Systems ist.

b) Man löse das inhomogene System mit den Anfangsbedingungen

$$\begin{pmatrix} y_1(\pi) \\ y_2(\pi) \end{pmatrix} = \begin{pmatrix} e^{\pi} \\ e^{-\pi} \end{pmatrix}$$

(F 74)

24.1: Man bestimme ein Fundamentalsystem der reellen Dgl.

$$x^2 y'' - 2xy' + (x^2+2)y = 0, \quad 0 < x < \pi,$$

durch Reduktion der Ordnung.

Hinweis: Die Dgl. besitzt die partikuläre Lösung

$$y_1 = x \sin x, \quad 0 < x < \pi.$$

(H 72)

24.2: Man bestimme ein Fundamentalsystem der reellen Dgl.

$$(x+1)y'' - (2x+1)y' + xy = 0, \quad -1 < x < \infty,$$

durch Reduktion der Ordnung.

Hinweis: Die Dgl. besitzt die partikuläre Lösung

$$y_1 = e^x, \quad -1 < x < \infty.$$

(F 73)

24.3: Gesucht ist die allgemeine Lösung der Dgl.

$$\frac{2x^2}{1 + x\cot 2x} y'' - 4xy' + 4y = \frac{-4x^3 \sin 2x}{1 + x\cot 2x}$$

Hinweis: Man erkennt sofort eine Lösung der homogenen Dgl. .

(F 75)

24.4: Man bestimme ein Fundamentalsytem (nachprüfen!) der Dgl.

$$y'' + (\tan x - 2\cot x)y' + 2\cot^2 x \cdot y = 0$$

für $0 < x < \frac{\pi}{2}$.

Hinweis: Eine spezielle Lösung ist $y_1 = \sin x$

(H 75)

24.5: Eine Lösung der Dgl.

$$(1+x)x^2 y'' - (1+2x)xy' + (1+2x)y = 0, \quad x > 0$$

ist $y_1(x) = x$.

Wie lautet die allgemeine Lösung der Dgl.?

(H 77)

25.1: a) Mit Hilfe eines Potenzreihenansatzes um $x = 0$ bestimme man ein Partikularintegral $y_1(x)$ der Dgl.

$$x(x-1)y'' + (3x-1)y' + y = 0 .$$

Man bestimme den Konvergenzradius der Reihe.

b) Für das unter a) erhaltene Partikularintegral $y_1(x)$ gebe man eine geschlossene Darstellung und bestimme ein zweites Partikularintegral $y_2(x)$ mit Hilfe des Reduktionsansatzes

$$y_2(x) = y_1(x) \cdot u(x) .$$

(H 71)

25.2: Mit Hilfe eines Potenzreihenansatzes um $x = 0$ ermittle man die allgemeine Lösung der Dgl.

$$(1 - x^2)y'' - 2xy' + 2y = 0$$

Man bestimme den Konvergenzradius der Reihe.

(F 72)

25.3: Man löse das Anfangswertproblem im Komplexen

$$(1 + z^2)w'' + 4zw' + 2w = 0 ;\ w(0) = 1 ,\ w'(0) = 0 ,$$

durch Potenzreihenansatz und gebe die Lösung als elementare Funktion an.

(F 73)

25.4: a) Man löse die Dgl.

$$2xy'' + y' - 2y = 0$$

durch Ansatz einer Potenzreihe um den Punkt $x_o = 0$.

b) Durch die Transformation $4x = t^2$ kann man die Dgl. auf eine Dgl. mit bekannter Lösung überführen. Wie heißt nun die allgemeine Lösung obiger Dgl.?

c) Welche der in b) gefundenen Lösungen hat man bereits in a) bestimmt?

(H 73)

25.5: Man suche diejenigen Lösungen der Dgl.

$$x^2y'' + (x - x^3)y' - y = 0 ,$$

die sich als Potenzreihe um den Punkt $x_o = 0$ darstellen lassen. Man bestimme ihre Konvergenzradien.

(F 74)

26.1: a) Man bestimme die allgemeine Lösung der Dgl.

$$x^2y'' - 2xy' + (2 - x^2)y = 0$$

Man verwende dabei den Ansatz $y = u(x)\cdot v(x)$ und bestimme $v(x)$ so, daß der Koeffizient von $u'(x)$ in der transformierten Dgl. verschwindet.

b) Die allgemeine Lösung der Dgl.

$$xy'' - (x + 2)y' + 2y = 0$$

lautet: $y(x) = C_1e^x + C_2(x^2 + 2x + 2)$.
Man finde die Lösung, die den Bedingungen
$y(0) = 0$ und $y'(1) = e - 2$ genügt.

(F 74)

26.2: Der Kurvenverlauf eines zwischen zwei Stützen aufgehängten Seils genüge der Dgl.

$$y'' = a\cdot\sqrt{1 + y'^2}$$

mit einem (noch zu bestimmenden) Parameter $a > 0$.
An der Stütze im Tal [mit den Koordinaten (0, 0)] ist seine Tangente horizontal, an der Stütze auf dem Berg beträgt die Steigung seiner Tangente 2.
Der horizontale Abstand der Stützen beträgt 1000 m.
a) Welche Kurve beschreibt das Seil?
b) Berechnen Sie die Länge des Seiles.
c) Auf welcher Höhe steht die Stütze auf dem Berg?

(H 74)

26.3: Man löse durch eine geeignete Koordinatentrans= formation die Dgl

$$\sqrt{x^2 + y^2}\cdot(x + yy') = xy' - y$$

mit der Anfangsbedingung $y(1) = 0$.

(H 74)

26.4: Man löse die Dgl.

$$y\cos(x+y) + [2\sin(x+y) + y\cos(x+y)]\,y' = 0\,.$$

(H 74)

26.5: Wie lautet die allgemeine Lösung der Dgl.

$$y' + xy + xe^{x^2}y^3 = 0\ ?$$

(F 75)

26.6: Gegeben sei die Dgl.

$$2xy + (y^2 - x^2)\,y' = 0$$

Man bestimme

a) die allgemeine Lösung ,

b) die speziellen Lösungen durch die Punkte (0, 1) und (0,-1).

c) den Flächeninhalt des von den in b) berechneten Kurven begrenzten Gebietes.

(F 75)

26.7: Wie lautet die allgemeine Lösung (in impliziter Form) der Dgl.

$$2x\,dx + (x^2 + 2y + y^2)\,dy = 0 \ , \quad x>0 \quad ?$$

Hinweis: Es existiert ein integrierender Faktor, der nur von y abhängt.

(F 76)

26.8: Wie lauten die Lösungen der Dgln.

a) $y' = \dfrac{x^3 + 3y^3}{3xy^2}$, $x>1$, b) $y' = xy^3 - \dfrac{xy}{1 + x^2}$, $x>0$?

(H 76)

26.9: Wie lauten die Lösungen der Dgln.

a) $y' = \dfrac{x^2 - xy + 2y^2}{2xy - x^2}$, $x>0$,

b) $y' = -2y\,(\mathrm{ctg}\,x + \dfrac{1}{\sqrt{y}\,\cos x})$, $0<x<\frac{\pi}{2}$?

(F 77)

26.10: Man löse die Differentialgleichungen

a) $\ddot{u} + \dot{u} - 2u = e^t$;

b) $y'' + (2x - \frac{1}{x})\,y' - 8x^2y = 4x^2e^{x^2}$, $x>0$,

mit Hilfe der Substitution $x = \sqrt{t}$, $t>0$.

(F 78)

27.1: a) Wie heißt die Dgl. aller Logarithmusfunktionen $y = {}_a\log x$ bei beliebiger Basis a?

b) Man ermittle die orthogonalen Trajektorien der Kurvenschar.

c) Man bestimme die Gestalt der orthogonalen Trajek= torien in der Umgebung des Punktes (1, 0). Hierzu führe man die neuen Variablen $x = 1 + \xi$, $y = \eta$ ein und entwickle die unter b) gefundene Lösung in eine Taylorreihe in ξ und η bis zu Gliedern 2. Ordnung.

(H 71)

27.2: a) Unter welchen Bedingungen ist die Dgl.

$$(2x + ay)\,dx + (2y + bx)\,dy = 0$$

exakt? Man löse die exakte Dgl..

b) Man ermittle die Dgl. der Kurvenschar

$$y^2 = 2x + C$$

und deren orthogonale Trajektorien. Man skizziere einige Kurven der beiden Scharen.

(F 72)

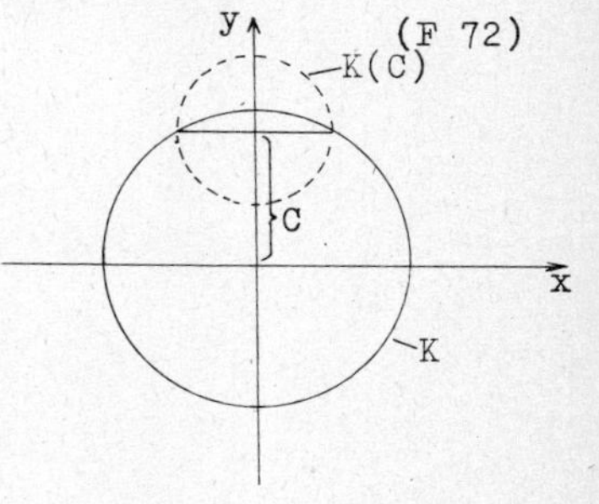

27.3: a) Sei K durch $x^2 + y^2 = 1$ gegebene Einheitskreis um den Nullpunkt. Die zur x-Achse parallelen Sehnen von K (Abstand $|C|$) seien Durchmesser von Kreisen K(C).

a1) Wie lautet die Gleichung der Kreisschar mit dem Scharparameter C?

a2) Welche Gleichung hat die Einhüllende?

b) Durch $y^2 - 2(x - C) = 0$ sei eine Kurvenschar gegeben mit dem Scharparameter C. Wie lautet die Gleichung der Schar der Orthogonaltrajektorien?

(H 77)

27.4: Man bestimme die Orthogonaltrajektorien der durch die Gleichung

$$(y - b)^2 = x + b^2, \quad b \in \mathbb{R},$$

gegebenen Kurvenschar.
(Man stelle zuerst eine Dgl. für diese Kurvenschar auf. In der Dgl. für die Orthogonaltrajektorien ist die Sub=stitution $z = y^2$ ratsam.)

(F 78)

28.1: Vorgelegt sei das reelle Randwertproblem

$$4x^2 y'' + y = x \;, \qquad 1 \le x \le 4$$

$$y(1) = 0 \;, \quad y(4) = 2$$

Welcher Fall der Alternative liegt vor?
Ist das Randwertproblem überhaupt lösbar und falls ja, wieviele Lösungen gibt es und wie lauten diese?

Hinweis: Eine spezielle Lösung der inhomo= genen Dgl. läßt sich zwar im Prinzip mit Hilfe der Methode der Variation der Konstanten gewinnen, im vorlie= genden Fall kann man jedoch eine solche Lösung auch unmittelbar aus der Dgl. ablesen.

(H 72)

28.2: Man löse das Randwertproblem

$$y'' + y = x^2 \;, \qquad 0 \le x \le \frac{\pi}{2} \;,$$

$$y(0) = 0 \;, \quad y\left(\frac{\pi}{2}\right) = \frac{\pi^2}{4} - 2 \;.$$

Ist das Problem eindeutig lösbar?

Hinweis: Für eine spezielle Lösung der inhomogenen Dgl. mache man den Ansatz

$$y_s = a x^2 + b x + c \;.$$

(F 73)

28.3: Gegeben sei das Randwertproblem

$$y'' - y' + \left(\frac{1}{4} + \omega^2\right) y = 0$$

$$U_1[y] : \; y(0) + \frac{1}{e}\, y(2) = 0$$

$$U_2[y] : \; y'(0) + \frac{1}{e}\, y'(2) = 0$$

Für welche Werte von ω besitzt das Randwertproblem nicht-triviale Lösungen; man bestimme gegebenenfalls diese Lösungen.

(H 73)

28.4: Für welche reellen Werte ω mit $\omega \neq 0$ und $\omega \neq 1$ besitzt das Randwertproblem

$$y'''' + y'' + \omega^2(y'' + y) = 0$$

$$U_1[y] : y(0) = 0$$
$$U_2[y] : y'(0) = 0$$
$$U_3[y] : y(\pi) = 0$$
$$U_4[y] : y'(\pi) = 0$$

nicht-triviale Lösungen? Man bestimme diese Lösungen. Zusatzfrage: Gibt es für $\omega = 0$ und $\omega = 1$ nicht-triviale Lösungen?

(F 74)

28.5: Lösen Sie das Randwertproblem

$$x^2y'' + 3xy' = 9x^2, \quad (x \in [1, 2])$$

$$y(1) = 0, \; y(2) = \frac{7}{2}$$

(H 76)

28.6: Lösen Sie das Randwertproblem

$$x^2y'' + 4xy' - 10y = \ln x^{-2}(2 + \ln x^5), \quad (x \in [1, e])$$

$$y(1) = 1, \; y(e) = \frac{e^2 + 5}{2}.$$

(F 77)

29.1: Man berechne die allgemeine Lösung der Dgl.

$$y'' + \omega^2 y = f(x), \quad \omega \neq 2n\pi, \quad n = 0, 1, 2, \ldots,$$

wobei $f(x)$ eine gerade Funktion der Periode 2 ist, die im Intervall $0 \leq x \leq 1$ gegeben ist durch $f(x) = \sin \pi x$.

(H 71)

29.2: Man entwickle die Funktion

$$f(x) = e^{-|x|}, \quad x \in [-\pi; \pi]$$

in eine Fourierreihe.

(H 74)

29.3: Es sei $f(x) = e^{|x|}$, $-1 < x \leq 1$, mit der Periode $T = 2$ fortgesetzt. Man skizziere die Funktion $f(x)$ und entwickle sie in eine Fourierreihe.

(F 75)

29.4: Entwickeln Sie in eine Fouriersche Reihe die folgende 2π-periodische Funktion:

$$f(x) := \begin{cases} -1, & \text{falls } -\pi < x < 0, \\ 0, & \text{falls } x = 0 \text{ oder } x = \pi, \\ 1, & \text{falls } 0 < x < \pi. \end{cases}$$

(H 76)

29.5: Entwickeln Sie in eine Fouriersche Reihe die 2π-periodische Funktion $f(x)$ mit

$$f(x) := \begin{cases} -1, & \text{falls } -\pi < x < -\frac{\pi}{2} \\ -\frac{1}{2}, & \text{falls } x = -\frac{\pi}{2} \\ 0, & \text{falls } -\frac{\pi}{2} < x < \frac{\pi}{2} \text{ oder } x = \pi \\ +\frac{1}{2}, & \text{falls } x = \frac{\pi}{2} \\ +1, & \text{falls } \frac{\pi}{2} < x < \pi. \end{cases}$$

(F 77)

29.6: Es sei $f(x) = 1 - x^2$, $-1 \leq x \leq 1$, periodisch fortgesetzt mit der Periode $T = 2$.

a) Man entwickle $f(x)$ in eine Fourier-Reihe.

b) Konvergiert die Reihe gleichmäßig? (Begründung!)

c) Welche Reihensumme erhält man für $x = 0$?

(A,H 74)

29.7: Es sei $f(x) = e^{|x|}$, $-\pi < x \le \pi$, mit der Periode 2π fortgesetzt.

a) Man skizziere f(x).

b) Man entwickle f(x) in eine Fourier-Reihe.

c) Konvergiert die Reihe gleichmäßig und stimmt ihre Summe an jeder Stelle x mit f(x) überein?

(A,F 75)

29.8: Man entwickle die 2π-periodische Funktion f(x) mit

$$f(x) = e^x \quad \text{für } x \in (-\pi, \pi]$$

in eine Fourier-Reihe. Gegen welche Werte konvergiert diese Fourier-Reihe im Intervall $(-\pi, \pi]$?

(A,H 76)

29.9: Man entwickle die 2π-periodische Funktion f(x) mit

$$f(x) = |\operatorname{Sinh} x| \quad \text{für } x \in (-\pi, \pi]$$

in eine Fourier-Reihe.

Gegen welche Werte konvergiert diese Fourier-Reihe im Intervall $(-\pi, \pi]$?

(A,F 77)

29.10: Man entwickle die π-periodische Funktion

$$f(x) = |\cos x|, \quad -\infty < x < +\infty,$$

in eine Fourier-Reihe (mit Periode $T = \pi$!).

Hinweis: $\cos\alpha \cdot \cos\beta = \frac{1}{2}(\cos(\beta+\alpha) + \cos(\beta-\alpha))$.

(A,H 77)

29.11: Die Funktion $f(x) = \begin{cases} x, & \text{falls } 0 \le x \le 1 \\ 0, & \text{falls } 1 < x \le 2 \end{cases}$

werde zu einer Funktion der Periode T = 2 fortgesetzt. Wie lautet ihre Fourierreihe? An welcher Stelle $x \in [0, 2]$ konvergiert die Fourier-Reihe nicht gegen f(x) und welchen Wert hat die Fourier-Reihe an dieser Stelle?

(A,F 78)

30.1: Man berechne die Lösung des Wärmeleitungsproblems

$$u_t = u_{xx}$$

$$u_x(0, t) = 0, \quad u_x(\pi, t) = 0, \quad u(x, 0) = h(x)$$

mit $h(x) = \begin{cases} 1, & 0 < x < \frac{\pi}{2} \\ 0, & \frac{\pi}{2} < x < \pi \end{cases}$

(H 71)

30.2: Man berechne die Lösung des Differentialgleichungs=problems

$$u_{xx} + u_{tt} = 0 \,, \quad x \in [0, \pi] \,, \quad t \in [0, \infty)$$

$$u(0, t) = u(\pi, t) = 0, \qquad t \in [0, \infty)$$

$$\lim_{t \to \infty} u(x, t) = 0 \qquad x \in [0, \pi]$$

$$u(x, 0) = 1 \qquad x \in (0, \pi)$$

(F 72)

30.3: Mit Hilfe des Bernoullischen Produktansatzes löse man die partielle Differtialgleichung

$$\frac{1}{4} u_{xx} = u_{yy} \quad ; \; 0 \leq y \leq 2\pi \,, \; 0 \leq x < \infty$$

mit den Anfangsbedingungen

$$u(0, y) = (y - \pi)^3 \quad \text{und} \quad u_x(0, y) = 0$$

und den Randbedingungen

$$u(x, 0) = u(x, \pi) = 0$$

Hinweis: Man benutze an geeigneter Stelle die Fourierentwicklung der Funktion $(y - \pi)^3$.

(F 75)

31.1: a) Zu den in der Tabelle gegebenen Meßwerten y_i an den Stellen t_i soll eine Gerade

$y(t) = \alpha_1 + \alpha_2 t$ derart bestimmt werden, daß

$$\sum_{i=1}^{5} (y(t_i) - y_i)^2$$ minimal wird.

Tabelle:

t_i	-2	-1	0	1	2
y_i	0	2	3	5	6

b) Man löse das Gleichungssystem

$$x_1 + 2x_2 + 2x_3 = 1$$
$$-x_1 + x_2 + x_3 = -1$$
$$2x_1 + x_2 + x_3 = 2$$

mit dem Gauß-schen Algorithmus.

(F 76)

31.2: Zwischen y und t gelte eine quadratische Beziehung

$$y = \alpha t^2 + \beta$$

mit den unbekannten Parametern α und β . Aus den Meßwerten

t_i	0	1	2	3	4
y_i	0,5	2	2,75	6	8,75

sollen α und β so bestimmt werden, daß die Quadratsumme der Abweichungen

$$\sum_{i=1}^{5} (y_i - \alpha t_i^2 - \beta)^2$$ minimal wird.

Wie lautet das Gleichungssystem für α und β und welche Zahlenwerte ergeben sich.
Skizzieren Sie die Meßwerte und die Ausgleichsparabel.

(F 78)

32.1: Der Kehrwert einer Zahl r kann ohne Division ermittelt werden, z. B. durch folgende Iteration

$$x_{k+1} = \phi(x_k) = x_k(2 - r\cdot x_k) .$$

a) Man leite diese Beziehung her, indem man das Newtonverfahren auf $f(x) = \frac{1}{x} - r$ anwendet.
Es soll der Kehrwert von $r = 4$ ermittelt werden.

b) Man zeige, daß für alle Anfangswerte x_o aus $[0,2; 0,3]$ das Verfahren konvergiert.

c) Man iteriere zweimal mit $x_o = 0,2$ und schätze den Fehler für die dritte Iteration ab.

(H 73)

32.2: Die beiden Lösungen $\bar{x}, \bar{\bar{x}}$ $(\bar{x} < \bar{\bar{x}})$ der Gleichung $2x = 2^x$ sollen mit der Iteration

$$x_{n+1} = 2^{x_n - 1}$$

ermittelt werden.

a) Man gebe einen Bereich an, aus dem die Anfangswerte x_o gewählt werden können, damit das Verfahren gegen $\bar{x}$ konvergiert.

b) Wie muß x_o gewählt werden, damit das Verfahren gegen $\bar{\bar{x}}$ konvergiert? (Hinweis:Skizze)

c) Man iteriere mit $x_o = 0$ zweimal und überlege, wie oft man höchstens iterieren muß, damit der Fehler kleiner als $0,5\cdot 10^{-8}$ wird?
$(\lg(\ln 2) \approx -0,159$; $\lg(1 - \ln 2) \approx -0,513$

(F 74)

32.3: Die transzendente Gleichung $2 - x = \ln x$ soll mit dem Newton-Verfahren gelöst werden. Als Ausgangs=intervall wähle man $I = [1, 2]$ und als Ausgangs=näherung $x_o = 1,5$.

a) Wie lautet die Iterationsvorschrift $x_{n+1} = g(x_n)$?

b) Welcher Zahlenwert ergibt sich für die erste Iterierte x_1 ? (Man verwende $\ln 1,5 = 0,406$).

c) Man beweise die Konvergenz des Verfahrens für beliebiges $x_o \in I$.

Hinweis zu c):
Man wende folgenden <u>Satz</u> an:
"Auf $[a, b]$ sei $f(x)$ zweimal stetig differenzierbar und es gelte

(i) $f(a) \cdot f(b) < 0$
(ii) $f'(x) \neq 0$ für alle $x \in [a, b]$
(iii) $f''(x) \leq 0$ oder $f''(x) \geq 0$ für alle $x \in [a, b]$
(iv) Mit $c = a$ falls $|f'(a)| \leq |f'(b)|$
$c = b$ falls $|f'(a)| > |f'(b)|$
gilt $\left|\frac{f(c)}{f'(c)}\right| \leq b - a$

Dann konvergiert das Newton-Verfahren bei beliebigem Startwert $x_0 \in [a, b]$ gegen die einzige Nullstelle $\overline{x}$ von $f(x)$ in $[a, b]$."
Ein Beweis des Satzes ist nicht verlangt.

(H 75)

32.4: a) Man zeige durch Anwendung des Satzes von Rouché, daß das Polynom

$$p(z) = z^3 + 6z^2 + 5z - 14$$

im Innern des Kreises $|z| = 1$ in der komplexen Ebene keine Nullstelle besitzt.

b) Ausgehend von $x_0 = 1$ berechne man mit dem Newton-Verfahren die Näherungen x_1 und x_2 für eine Nullstelle des Polynoms

$$p(x) = x^3 + 6x^2 + 5x - 14 .$$

Zur Berechnung der Funktionswerte und Ableitungen benutze man das Horner-Schema und berücksichtige drei Stellen hinter dem Komma.

c) Welche grobe Näherung für die beiden anderen (komplexen) Nullstellen erhält man aus dem zuletzt durchgerechneten Horner-Schema?

(F 76)

32.5: Berechnen Sie mit dem Newton-Verfahren ausgehend von der Anfangsnäherung $x_o := 2$ die Näherungen x_1 und x_2 für eine Nullstelle des Polynoms

$$P(x) := 2x^4 - 7x^3 + 12x - 4 ;$$

geben Sie dazu die Iterationsvorschrift $x_n := f(x_{n-1})$ an und benutzen Sie das Horner-Schema.

(H 76)

32.6: Berechnen Sie mit dem Newton-Verfahren ausgehend von der Anfangsnäherung $x_o := -1$ die Näherungen x_1 und x_2 für eine Nullstelle des Polynoms

$$P(x) := x^4 - 3x^3 - 39x^2 + 115x + 60 ;$$

geben Sie dazu die Iterationsvorschrift $x_n := f(x_{n-1})$ an und benutzen Sie das Horner-Schema.

(F 77)

32.7: a) Man zeige, daß die Funktion

$$f(x) = e^{-\frac{x}{2}} - 3x$$

im Intervall $I = [0, 1]$ genau eine Nullstelle $\bar{x}$ besitzt. Wie lautet ein geeignetes Iterations=verfahren

$$x_n = g(x_{n-1}) \text{ , } n = 1, 2, \ldots$$

zur Bestimmung von $\bar{x}$? Man beweise dessen Konvergenz. Wie lauten x_1, x_2 für $x_o = 0,3$? Für $|x_5 - \bar{x}|$ gebe man eine (a priori) Abschätzung mit Hilfe von x_o und x_1.

b) Wie läßt sich $\sqrt[5]{a}$ (reelle Wurzel) für $a \in \mathbb{R}$ iterativ mit dem Newton-Verfahren gewinnen? Man gebe die Iterationsvorschrift an. (Konvergenz=beweis ist nicht gefordert).

(H 77)

32.8: Die Gleichung $x = \frac{1}{4}\cos x$ soll durch ein Iterations=verfahren gelöst werden.

a) Zeigen Sie, daß das Iterationsverfahren

$$x_{n+1} = \frac{1}{4}\cos x_n \;, n = 0, 1, \ldots, \; x_o = \frac{\pi}{2}$$

gegen die einzige in $\left[0, \frac{\pi}{2}\right]$ liegende Lösung $\overline{x}$ konvergiert.

Ab welchem n kann $|x_n - \overline{x}| \leq \frac{1}{4^{20}} \leq 10^{-12}$ garantiert werden?

b) Wie lautet die Iterationsvorschrift für das Newton-Verfahren zur Lösung der Gleichung

$$x = \frac{1}{4}\cos x \;?$$

Berechnen Sie ausgehend von $x_o = 0$ die Näherungen x_1 und x_2.

Zeigen Sie, daß das Verfahren für beliebige $x_o \in \left[0, \frac{\pi}{2}\right]$ konvergiert.

Hinweis: Verwenden Sie den folgenden Satz:

Sei f zweimal stetig differenzierbar auf $I = [a, b]$ und gelte

(i) $f(a) \cdot f(b) < 0$

(ii) $f'(x) \neq 0$ für $x \in I$

(iii) $f''(x) \leq 0$ oder $f''(x) \geq 0$ für alle $x \in I$

(iv) Ist $\beta = a$ falls $|f'(a)| \leq |f'(b)|$ bzw. $\beta = b$ falls $|f'(a)| > |f'(b)|$, so sei $|f(\beta) / f'(\beta)| \leq |b - a|$.

Dann konvergiert das Newton-Verfahren bei beliebigem Startwert $x_o \in I$ gegen die einzige Nullstelle $\overline{x}$ von f in I.

(F 78)

33.1: Die Gewichte von Schrauben einer bestimmten Sorte seien unabhängige normalverteilte Zufallsgrößen X_j mit $E(X_j) = 9\,g$ und $V(X_j) = 0{,}16\,g^2$, $j = 1,2,\ldots$. Die Gewichte der zugehörigen Muttern seien ebenfalls unabhängige normalverteilte Zufallsgrößen Y_j mit $E(Y_j) = 4\,g$ und $V(Y_j) = 0{,}09\,g^2$, $j = 1,2,\ldots$ .Weiter seien die $X_j, j = 1,2,\ldots$ von $Y_j, j = 1,2,\ldots$ unabhängig.

a) Wie groß ist die Wahrscheinlichkeit, daß eine Schraube mit einer Mutter zusammen höchstens 12,75 g wiegt?

b) Wie groß ist die Wahrscheinlichkeit, daß 100 Schrauben mit 100 Muttern zusammen höchstens 1275 g wiegen?

Auszug aus einer Tabelle des Gauß'schen Fehlerintegrals

$$\phi(x) := \frac{1}{\sqrt{2\pi}} \int_{-\infty}^{x} e^{-\frac{u^2}{2}}\, du$$

x	0	0,5	1	2	5
$\phi(x)$	0,5	0,6915	0,8413	0,9773	0,9999997

(H 75)

33.2: In einem Gerät sind 4 gleiche Bauteile hintereinandergeschaltet. Die elektrischen Widerstände R_i, $i = 1,2,3,4$, der Teile seien untereinander unabhängig und normalverteilt mit $E(R_i) = 50\,\Omega$, $V(R_i) = 9\,\Omega^2$, $i = 1,2,3,4$.
Man bestimme folgende Wahrscheinlichkeiten

a) $P(R_1 < 44\,\Omega)$,

b) $P(R_1 + R_2 + R_3 + R_4 < 194\,\Omega)$.

Hilfsmittel: Auszug aus einer Tabelle des Gauß'schen Fehlerintegrals

$$\phi(x) := \frac{1}{\sqrt{2\pi}} \int_{-\infty}^{x} e^{-\frac{u^2}{2}}\, du$$

x	0	0,5	1	2	5
$\phi(x)$	0,5	0,6915	0,8413	0,9773	0,9999997

(F 76)

33.3: Eine Maschine stellt Metallplatten her, wobei die Plattendicke als normalverteilte Zufallsgröße X mit einem Erwartungswert $\mu = 10$ mm und einer Standardab= weichung $\sigma = 0{,}02$ mm vorgegeben ist. Wieviel Prozent Ausschuß ist zu erwarten, wenn die Plattendicke
a) mindestens 9,96 mm sein soll?
b) höchstens 10,03 mm sein darf?

Auszug aus einer Tabelle des Gauß'schen Fehlerintegrals

$$\phi(x) := \frac{1}{\sqrt{2\pi}} \int_{-\infty}^{x} e^{-\frac{u^2}{2}} du$$

x	0	0,5	1	1,5	2	2,5	3
$\phi(x)$	0,5	0,6915	0,8413	0,9332	0,9772	0,9938	0,9987

(H 76)

33.4: Eine Firma stellt Luftpostbriefe her, deren Gewicht erfahrungsgemäß normalverteilt ist mit dem Erwartungs= wert $\mu = 1{,}96$ g und der Standardabweichung $\sigma = 0{,}08$ g. Wieviele Umschläge, die
a) weniger als 1,9 g wiegen,
b) mehr als 2 g wiegen,
sind dann in einem Päckchen von 100 Umschlägen zu erwarten?

Auszug aus einer Tabelle des Gauß'schen Fehlerintegrals

$$\phi(x) := \frac{1}{\sqrt{2\pi}} \int_{-\infty}^{x} e^{-\frac{u^2}{2}} du$$

x	0	0,25	0,5	0,75	1	1,25	1,5
$\phi(x)$	0,5	0,5987	0,6915	0,7734	0,8413	0,8944	0,9332

(F 77)

34.1: Ein Gerät besteht aus 7 Bauteilen, davon seien 2 Bauteile vom Typ 1, 4 Bauteile vom Typ 2 und 1 Bauteil vom Typ 3. Die Gewichte der Bauteile seien jeweils normalverteilt und stochastisch unabhängig. Die Erwartungswerte μ_i und Standardabweichungen σ_i der Gewichte der Bauteile vom Typ i, i = 1, 2, 3, seien bei Typ 1: $\mu_1 = 12$ g, $\sigma_1 = 0{,}4$ g

Typ 2: $\mu_2 = 4{,}5$ g, $\sigma_2 = 0{,}2$ g

Typ 3: $\mu_3 = 1{,}6$ g, $\sigma_3 = 0{,}1$ g

a) Wie lauten Erwartungswert und Standardabweichung des Gesamtgewichtes des Geräts ?

b) Bei Gewichten des Geräts über 45 g muß statt der Normal=verpackung eine teurere Spezialverpackung verwendet werden. Wie groß ist die Wahrscheinlichkeit, daß für ein Gerät eine Spezialverpackung erforderlich ist ?

c) Der Hersteller des Gerätes bekommt eine umfangreiche Lieferung von Bauteilen vom Typ 1. Um zu prüfen, ob der Sollwert 12 g für den Erwartungswert des Gewichts eingehalten wird, entnimmt der Hersteller der Liefe=rung eine Stichprobe vom Umfang n = 25 und erhält $\overline{x} = 12{,}2$ g als durchschnittliches Gewicht. Bei einer Irrtumswahrscheinlichkeit von $\alpha = 5\,\%$ teste man die Hypothese, daß der Sollwert eingehalten wird, gegen die Alternative eines zu großen Erwartungswertes, wobei die Standardabweichung 0,4 g als bekannt angenommen wird.

Tabelle des Gauß'schen Fehlerintegrals

$$\phi(x) = \frac{1}{\sqrt{2\pi}} \int_{-\infty}^{x} e^{-\frac{u^2}{2}}\,du$$

x	1	1,64	1,96	2	2,33
$\phi(x)$	0,841	0,950	0,975	0,977	0,990

(H 77)

34.2: Ein Büro verwendet Luftpost-Briefumschläge mit Gewicht U und Briefbögen mit Gewicht B. Die Gewichte der einzelnen Umschläge bzw. Bögen seien untereinander unabhängige normalverteilte Zufallsgrößen mit $E(U) = 2\,g$, $V(U) = 0{,}25\,g^2$ bzw. $E(B) = 1{,}35\,g$, $V(B) = 0{,}1\,g^2$. Die Briefwaage des Postamtes zeigt bei einem tatsächlichen Gewicht G einen Wert $W = G + F$ an, wobei der Fehler F unabhängig von G und ebenfalls normalverteilt ist mit $E(F) = 0\,g$ und $V(F) = 0{,}04\,g^2$.

a) Wie groß ist die Wahrscheinlichkeit, daß für einen Brief des Büros mit zwei Bögen und einem Umschlag mehr als 5,4 g angezeigt werden?

b) Wie groß ist die Wahrscheinlichkeit, daß für einen Brief, der exakt 5 g wiegt, von der Waage mehr als 5,4 g angezeigt werden?

c) Bei 100 zufällig ausgewählten Umschlägen wird ein Gesamtgewicht von 209 g festgestellt. Testen Sie die Hypothese $\mu = E(U) = 2\,g$ für einen Umschlag gegen die Alternative eines zu großen Gewichts bei einer Irrtumswahrscheinlichkeit von 5 %. Die Varianz $V(U) = 0{,}25\,g^2$ sei bekannt.

Tabelle des Gauß'schen Fehlerintegrals

$$\phi(x) = \frac{1}{\sqrt{2\pi}} \int_{-\infty}^{x} e^{-\frac{u^2}{2}}$$

x	1	1,64	1,96	2	3
$\phi(x)$	0,841	0,950	0,975	0,977	0,9987

(F 78)

35.1: Wie groß ist die Zuverlässigkeit $P(G)$ des folgenden Gerätes, falls die Zuverlässigkeiten $P(A_j)$ $(j = 1,\ldots,6)$ gegeben sind durch $P(A_1) = 0{,}7$, $P(A_2) = 0{,}8$, $P(A_3) = 0{,}7$, $P(A_4) = 0{,}9$, $P(A_5) = 0{,}9$, $P(A_6) = 0{,}8$.

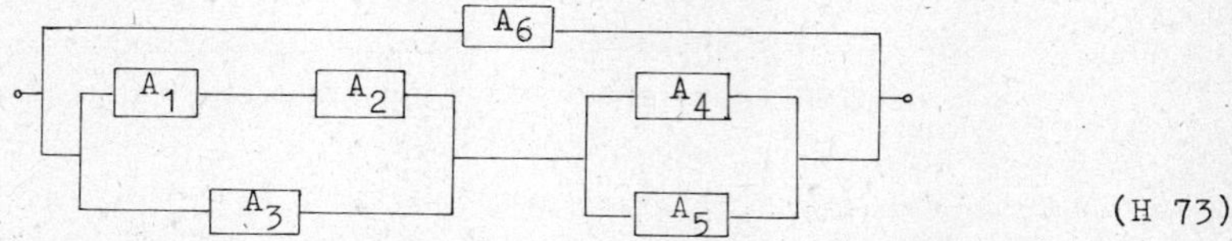

(H 73)

35.2: Auf ein Tor werden unabhängig voneinander drei Schüsse abgegeben. Die Trefferwahrscheinlichkeit des ersten Schusses sei $\frac{1}{3}$, die der letzten beiden Schüsse $\frac{1}{4}$.

a) E_1: alle drei Schüsse verfehlen das Tor.

b) E_2: wenigstens ein Schuß verfehlt das Tor.

c) E_3: das Tor wird höchstens erst beim dritten Schuß getroffen.

Man berechne die Wahrscheinlichkeiten der Ereignisse E_1, E_2, E_3.

(F 74)

35.3: Wie groß ist die Wahrscheinlichkeit, mit einem Würfel bei n Würfen keine Zahl unter 4 zu würfeln?

Für welche n ist diese Wahrscheinlichkeit kleiner als 0,001?

(H 74)

35.4: Es sei bekannt, daß 3 von 50 zum Verkauf angebotenen Tonbandgeräten einen bestimmten Fehler haben. Wie groß ist die Wahrscheinlichkeit dafür, daß unter 5 willkürlich herausgegriffenen Geräten sich keines mit diesem Fehler befindet?

(F 75)

35.5: Mit einem Würfel wird solange gewürfelt, bis erstmals eine ungerade Augenzahl auftritt.

a) Wie groß ist die Wahrscheinlichkeit, daß das Spiel mit dem n-ten Wurf endet?

b) Wie groß ist die Wahrscheinlichkeit, daß mindestens drei Würfe erfolgen und in den ersten drei Würfen genau zweimal die Zahl "sechs" auftritt?

35.6: In einer Schaltung sind 5 Schalter $S_1, S_2, \ldots, S_5$, die unabhängig voneinander offen oder geschlossen sind, mit $P(S_i \text{ geschlossen}) = p_i$.

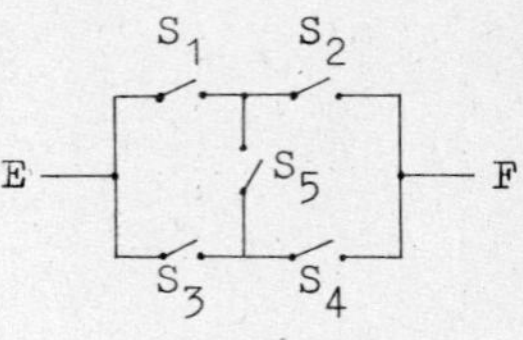

Es sei $p_1 = p_3 = 0{,}8$ und $p_2 = p_4 = 0{,}7$.
Wie groß ist die Wahrscheinlichkeit, daß Strom von E nach F fließen kann, wenn man weiß, daß ...

a)... Schalter S_5 offen ist,

b)... Schalter S_5 geschlossen ist,

c)... Schalter S_5 mit einer Wahrscheinlichkeit $p_5 = 0{,}5$ geschlossen ist?

(F 76)

35.7: Aus einer Urne, die 30 rote, 15 gelbe und 5 blaue Kugeln enthält, werden nacheinander 6 Kugeln gezogen und jeweils wieder zurückgelegt.

a) Wie groß sind Erwartungswert und Varianz für die Anzahl der gezogenen blauen Kugeln?

b) Wie groß ist die Wahrscheinlichkeit, genau 4 blaue Kugeln zu ziehen?

(H 76)

35.8: Sechs Arbeiter, die unabhängig arbeiten, benötigen elektrischen Strom, und zwar jeder mit Unterbrechungen durchschnittlich 6 Minuten je Stunde. Genügt es, die Stromversorgung so einzurichten, daß drei Arbeiter gleichzeitig Strom entnehmen können (wie groß ist in diesem Falldie Wahrscheinlichkeit, daß für mehr als drei Arbeiter Strom benötigt wird)?

(F 77)

35.9: a) Die Zufallsgröße X habe die Dichte

$$f(x) = \begin{cases} 3\,e^{-3(x-2)} & \text{für } x \geq 2 \\ 0 & \text{für } x < 2 \end{cases}$$

Wie lauten Verteilungsfunktion, Erwartungswert und Varianz der Zufallsgröße X? Wie groß sind die Wahrscheinlichkeiten $P(X > 3)$, $P(3 \leq X \leq 4)$?

b) Ein Spiel wird wie folgt durchgeführt: Es wird ein idealer Würfel fünfmal hintereinander geworfen. Tritt in diesen 5 Würfen mindestens zweimal eine Zahl größer als 4 auf, so gewinnt man eine Prämie. Wie groß ist die Wahrscheinlichkeit, eine Prämie zu gewinnen?

(H 77)

35.10: Ein Vertreter weiß aus Erfahrung, daß er bei 8 % der besuchten Kunden sofort einen Verkauf abschließen kann und bei weiteren 10 % ein zweiter Besuch verein= bart wird. Bei 20 % der Zweitbesuche kommt es zu zu einem Verkaufsabschluß, in allen anderen Fällen scheitern die Verhandlungen.

a) Wie groß ist die Wahrscheinlichkeit eines Abschlusses mit einem bestimmten Kunden ?

b) Wie groß ist die Wahrscheinlichkeit, daß alle Ver= handlungen mit acht verschiedenen Kunden scheitern ?

c) Wie groß ist die Wahrscheinlichkeit, daß bei acht Kunden mehr als ein Abschluß zustande kommt ?

(F 78)

36.1: Man bestimme die Gleichung der Schmiegebene an die Raumkurve

$$\mathcal{L}: \mathfrak{r}(t) = (t, t\sin t, e^t), \quad -\infty < t < \infty ,$$

im Punkte $\mathfrak{r}(0) = (0, 0, 1)$.

(H 72)

36.2: Mit einer reellen Zahl $R > 0$ bedeute $\mathfrak{w}_1 \subseteq \mathbb{R}^2$ den Vollkreis vom Radius R um den Punkt $(-\frac{\sqrt{3}}{2}R, 0)$ und $\mathfrak{w}_2 \subseteq \mathbb{R}^2$ den Vollkreis um den Punkt $(\frac{\sqrt{3}}{2}R, 0)$. Man berechne den Flächeninhalt F des abgeschlos= senen und beschränkten Gebietes $\mathcal{G} = \mathfrak{w}_1 \cup \mathfrak{w}_2$ nach der Formel

$$F = \frac{1}{2}\int_{\alpha}^{\beta} (x(t)\dot{y}(t) - \dot{x}(t)y(t))\,dt ,$$

wobei für die glatten Randanteile von $\mathcal{G}$ geeignete Parameterdarstellungen $x(t), y(t)$ mit geeigneten Parameterbereichen zu verwenden sind.

(H 72)

36.3: Man bestätige den zweidimensionalen Gauß'schen Integralsatz

$$\iint_{\mathcal{G}} \operatorname{div}\mathfrak{w}\, dg = \int_{\mathcal{L}} (\mathfrak{n}, \mathfrak{w})\, ds$$

speziell für das Quadrat

$$\mathcal{G} = \{(x, y): -a \le x \le a , -a \le y \le a\}$$

mit dem Vektorfeld $\mathfrak{w}(x, y) = (x^3y^2, 2x^2)$, $(x, y) \in \mathcal{G}$.

(H 72)

36.4: Wie lautet der Konvergenzbereich der Fourierreihe

$$\sum_{\nu=0}^{\infty} (-1)^{\nu} \frac{\sin(2\nu+1)x}{2^{2\nu+1}} = \frac{\sin x}{2^1} - \frac{\sin 3x}{2^3} + \frac{\sin 5x}{2^5} \ldots ,$$

$x \in (-\infty, \infty)$?

Ist die Fourier-Reihe im Konvergenzbereich absolut und gleichmäßig konvergent ?

Hinweis: Man benutze das Majorantenkriterium.

(H 72)

36.5: Wie lautet das begleitende Dreibein der Raumkurve

$$\mathcal{L}: \mathfrak{r}(t) = (t, \operatorname{Cosh} t, \sin t), \quad -\infty < t < \infty ,$$

im Punkte $\mathfrak{r}(0) = (0, 1, 0)$?

(F 73)

36.6: Bedeute $\mathfrak{w}_1 \subseteq \mathbb{R}^2$ den Vollkreis vom Radius 1 um den Punkt (0, 0) und $\mathfrak{w}_2 \subseteq \mathbb{R}^2$ den Vollkreis vom Radius $\sqrt{2}$ **um** (1, 0). Man berechne den Flächeninhalt F des abgeschlossenen und beschränkten Gebietes $\mathcal{L} = \mathfrak{w}_1 \cap \mathfrak{w}_2$ nach der Formel

$$F = \frac{1}{2}\int_{\alpha}^{\beta} (x(t)\dot{y}(t) - \dot{x}(t)y(t))\, dt ,$$

wobei für die glatten Randanteile von $\mathcal{L}$ geeignete Parameterdarstellungen x(t), y(t) mit geeigneten Parameterbereichen zu verwenden sind.

(F 73)

36.7: Für das ebene Vektorfeld

$$\mathfrak{w}(x, y) = (x + y^2, xy), \quad (x, y) \in \mathbb{R}^2 ,$$

bestimme man die Ergiebigkeit

$$E = \int_{\mathcal{L}} (\mathfrak{n}, \mathfrak{w})\, ds$$

bezüglich der Berandung $\mathcal{L}$ des Quadrats

$$\mathcal{L} = \{(x, y) : -a \leq x \leq a , \ -a \leq y \leq a\}.$$

Durch Grenzübergang leite man hieraus die Divergenz des Vektorfeldes im Ursprung her.

(F 73)

36.8: Man zeige, daß die Funktionenreihe

$$\sum_{\nu=1}^{\infty} \frac{\operatorname{arctg} \nu x}{\nu!} = \operatorname{arctg} x + \frac{1}{2!}\operatorname{arctg} 2x + \frac{1}{3!}\operatorname{arctg} 3x + \ldots$$

$$-\infty < x < \infty ,$$

gleichmäßig konvergiert. Was bedeutet dies für die Grenzfunktion?

Hinweis: Man benutze das Majorantenkriterium.

(F 73)

36.9: Je zwei Elementen x, y eines Raumes X sei eine reelle Zahl $d(x, y) \geq 0$ so zugeordnet, daß gilt

(M1) $d(x, y) = 0$ genau dann, wenn $x = y$

(M2) $d(x, y) = d(y, x)$

(M3) $d(x, z) \leq d(x, y) + d(y, z)$.

d heißt dann eine "Metrik" auf dem Raum X, $d(x, y)$ der "Abstand" von x und y. (X, d) wird als "metrischer Raum" bezeichnet.

a) Man zeige: Ist $(X, \| \|)$ ein linearer normierter Raum, so ist mit $d(x, y) := \|x - y\|$ eine Metrik auf X defi= niert.

b) Ist (X, d) ein metrischer Raum, so ist durch $\|x\| = d(x, 0)$ i.a. keine Norm definiert. Man weise dies nach, indem man zeigt, daß durch

$$d(x, y) := \begin{cases} 0 & \text{falls } x = y \\ 1 & \text{falls } x \neq y \end{cases}$$

eine Metrik aber durch $\|x\| := d(x, 0)$ keine Norm definiert ist.

(H 73)

36.10: a) Es sei $w_i > 0$ für $i = 1, 2, \ldots, n$. Man zeige, daß durch $\|\vec{x}\| := \sum_{i=1}^{n} w_i \cdot |x_i|$ für die Punkte $\vec{x} = (x_1, x_2, \ldots, x_n)$ des $\mathbb{R}^n$ eine Norm erklärt ist.

b) Für den Fall $n = 2$ und $w_1 = \frac{1}{2}$, $w_2 = 3$ skizziere man den Bereich der Punkte $\vec{x} = (x_1, x_2)$ mit $\|\vec{x}\| \leq 1$ in der Ebene $\mathbb{R}^2$.

c) Man begründe, warum durch
$$|||\vec{x}||| := |x_1| + |x_2|^2$$
im $\mathbb{R}^2$ <u>keine</u> Norm definiert ist.

(F 74)

36.11: Es sei das folgende Gleichungssystem gegeben:

$$\begin{aligned} x - y - 2z &= -2 \\ -x + 4y + 4z &= 7 \\ x - 2y - 8z &= -9 . \end{aligned}$$

Untersuchen Sie, ob das Gesamtschrittverfahren konvergiert.

(H 74)

36.12: Lösen Sie die Funktionalgleichung

$$f(x) - \frac{1}{2} f(x^2) = x^2$$

mit Hilfe des Kontraktionssatzes in $C_{[0,\,1]}$.
Geben Sie die Lösung in geschlossener Form an, wobei als Startfunktion $f_o(x) = x^2$ zu nehmen ist.

(H 74)

36.13: Seien $\vec{x}_1, \vec{x}_2, \ldots, \vec{x}_n \in \mathbb{R}^n$ Eigenvektoren einer vorgegebenen reellen $n \times n$ - Matrix A mit zugehöri= gen reellen Eigenwerten. Die Vektoren $\vec{x}_1, \vec{x}_2, \ldots, \vec{x}_n$ mögen eine Orthonormalbasis des $\mathbb{R}^n$ bilden

d.h. es gelte $\vec{x}_i^{\,T} \vec{x}_j = \begin{cases} 1 & \text{für } i = j \\ 0 & \text{für } i \neq j \end{cases}$

Man zeige:
Gibt es einen Vektor $\vec{y} \in \mathbb{R}^n$ und reelle Zahlen ε, μ mit $\|\vec{y}\|_2 = 1$ und $\|A\vec{y} - \mu\vec{y}\|_2 \leq \varepsilon$,
so existiert ein Eigenwert λ_i von A mit $|\lambda_i - \mu| < \varepsilon$.

(F 75)

36.14: Es sei das folgende Gleichungssystem gegeben:

$$\begin{aligned} x - y + 2z &= -1 \\ x + 4y - 4z &= 10 \\ x + 2y + 8z &= -4 . \end{aligned}$$

Untersuchen Sie, ob das Gesamtschrittverfahren konver= giert.

(F 75)

36.15: Man untersuche, ob das Gesamtschrittverfahren für das Gleichungssystem $A\vec{x} = \vec{b}$ mit

$$A = \begin{pmatrix} 4 & -1 & 0 & 0 & 0 \\ -1 & 4 & -1 & 0 & 0 \\ 0 & -1 & 4 & -1 & 0 \\ 0 & 0 & -1 & 4 & -1 \\ 0 & 0 & 0 & -1 & 4 \end{pmatrix}, \quad \vec{b} = \begin{pmatrix} 1 \\ 1 \\ 1 \\ 1 \\ 1 \end{pmatrix}$$

konvergiert und berechne, ausgehend von $\vec{x}_{(0)} = \vec{b}$, die Näherungslösungen $\vec{x}_{(1)}, \vec{x}_{(2)}, \vec{x}_{(3)}$.

(H 75)

III. Lösungen zu den Aufgaben

19.1: Allgemeine Lösung $y = (C_1 + C_2 x + \frac{x^2}{2} + \frac{x^4}{12})\, e^{3x}$
Anfangsbedingungen liefern $C_1 = 1$ und $C_2 = -3$.

19.2: Allgemeine Lösung $y = C_1 e^{2x} + C_2 x\, e^{2x} + C_3 e^{-x}$
Anfangsbedingungen liefern $C_1 = 1$, $C_2 = -1$, $C_3 = -1$

19.3: Allgemeine Lösung $y = (C_1 + C_2 x)\, e^{x} + C_3 e^{-x}$
Anfangsbedingungen liefern $C_1 = 0$, $C_2 = 1$, $C_3 = 1$

19.4: a) $y = C_1 e^{-2x} + C_2 x\, e^{-2x} + C_3 \cos x + C_4 \sin x$

b) Allgemeine Lösung $y = e^{x}(C_1 \cos 2x + C_2 \sin 2x) + \frac{1}{4}\, x\, e^{x} \sin 2x$
Anfangsbedingungen: $C_1 = 1$, $C_2 = -1$

19.5: a) $y = C_1 e^{x} + C_2 x\, e^{x} + C_3 \cos 3x + C_4 \sin 3x$

b) Allgemeine Lösung $y = C_1 e^{x} + C_2 e^{x} + C_3 x\, e^{2x} + \frac{1}{2} e^{2x}$

19.6: $y = (C_1 + C_2 x)\, e^{x} + C_3 e^{-2x} + \frac{1}{10} e^{x} \cos x - \frac{3}{10} e^{x} \sin x$

19.7: Allgemeine Lösung $y = C_1 e^{x} + C_2 \cos 2x + C_3 \sin 2x - x \cos 2x - \frac{x}{2} \sin 2x$
Anfangsbedingungen: $C_1 = 1$, $C_2 = 0$, $C_3 = \frac{1}{2}$

19.8: Fundamentalsystem: $y_1 = e^{x}$, $y_2 = e^{-x} \cos 2x$, $y_3 = e^{-x} \sin 2x$

19.9: Allgemeine Lösung $y = C_1 e^{4x} + C_2 e^{-x} + x\, e^{2x}$
Anfangsbedingungen: $C_1 = 1$, $C_2 = -1$

19.10: Fundamentalsystem: $y_1 = e^{x}$, $y_2 = x\, e^{x}$, $y_3 = e^{2x} \cos x$, $y_4 = e^{2x} \sin x$
Allgemeine Lösung $y = C_1 e^{x} + C_2\, x\, e^{x} + C_3 e^{2x} \cos x + C_4 e^{2x} \sin x$

19.11: Allgemeine Lösung $y = C_1 e^{-3x} \cos 2x + C_2 e^{-3x} \sin 2x + \sin 2x - \cos 2x$
Anfangsbedingungen: $C_1 = 1$, $C_2 = 2$

20.1: Transformation $u = x + 1$ liefert die Euler'sche Dgl.

$$u^2 \frac{d^2 y}{du^2} + u \frac{dy}{du} + u = (u-1)^2 + 2 \ln u$$

Transformation $z = e^{t}$ liefert

$$\ddot{y} + y = e^{2t} - 2e^{t} + 1 + 2 \sin t$$

Lösung: $y(x) = \cos \ln(x+1) \cdot (C_1 - \ln(x+1)) + C_2 \sin \ln(x+1) + \frac{1}{5}(x+1)^2 - (x+1) + 1$

20.2: Transformation $u = 2x - 3$ liefert die Euler'sche Dgl.

$$u^2 \frac{d^2y}{du^2} + 4u\frac{dy}{du} + 2y = u \sin u$$

Lösung der homogenen Dgl. $y_h(u) = C_1 \frac{1}{u} + C_2 \frac{1}{u^2}$

Lösung der inhomogenen Dgl. durch Variation der Konstanten (siehe 21.2.2) $y_p = -\frac{1}{u}\sin u - \frac{2}{u^2}\cos u$

Lösung: $y(x) = \frac{1}{2x-3}(C_1 - \sin(2x-3)) + \frac{1}{(2x-3)^2}(C_2 - 2\cos(2x-3))$

20.3: Transformierte Dgl. $\dddot{y} - 3\dot{y} + 2y = t\,e^t$

Lösung: $y(x) = C_1 x + C_2 x \ln x + C_3 \frac{1}{x^2} - \frac{1}{18}x(\ln x)^2 + \frac{1}{18}x(\ln x)^3$

20.4: a) Lösung: $y(x) = C_1(\ln x)^2 + C_2 \ln x + C_3$

b) Allgemeine Lösung: $y = C_1 e^{-t} + C_2 t\,e^{-t} + C_3 e^{2t} + 2t\,e^{2t}$

Lösung des Anfangswertproblems: $y = 4t\,e^{-t} + 2t\,e^{2t}$

20.5: $y = C_1 x + C_2 x\ln x + C_3 x^2 + 0{,}067\cos(2\ln x) - 0{,}01 \ln x \cdot \cos(2\ln x) + 0{,}056 \sin(2\ln x) + 0{,}07 \ln x \cdot \sin(2\ln x)$

21.1: Allgemeine Lösung: $w = C_1 z^2 + C_2 z^2 \ln z + z^2(\ln z)^2$

Lösung des Anfangswertproblems: $w = \frac{\pi^2}{4} z^2 + z^2(\ln z)^2$

21.2: $y = C_1 x + C_2 \frac{1}{x} - \frac{1}{2}\frac{\ln x}{x}$

21.3: Transformierte Dgl.: $\ddot{y} - 4y = \frac{2e^{2t}}{1+e^{2t}}$

Lösung: $y(x) = \frac{x^2}{4}(\ln \frac{x^2}{1+x^2} + C_1) + \frac{1}{4x^2}(\ln(1+x^2) - (1+x^2) + C_2)$

21.4: $y = C_1 e^x + C_2 e^{-x} + 1 + (e^x - e^{-x})\ln(e^x + 1)$

22.1: $y = (-2x + 1)\,e^{-2x}$

$z = (2x + 1)\,e^{-2x}$

22.2: Allgemeine Lösung:

$x = (\frac{1}{3} - C_1 + \frac{1}{3}t)\,e^{-t} + \frac{1}{3}C_2 e^{2t} - C_3 e^{-2t}$

$y = (-\frac{2}{3} - C_1 + \frac{1}{3}t)\,e^{-t} + \frac{2}{3}C_2 e^{2t} + C_3 e^{-2t}$

$z = (\quad + C_1 - \frac{1}{3}t)\,e^{-t} + \quad C_2 e^{2t}$

Koeffizienten für Anfangsbedingungen

$C_1 = -\frac{4}{9}$; $C_2 = \frac{4}{9}$; $C_3 = -\frac{2}{27}$

22.3: Allgemeine Lösung:

$$x = C_1 e^{2t} + C_2 e^{-t}$$
$$y = -3\, C_1 e^{2t} + \frac{1}{2} C_2 e^{-t} + C_3 e^{3t}$$
$$z = -4\, C_1 e^{2t} + \frac{1}{2} C_2 e^{-t} + C_3 e^{3t}$$

Koeffizienten für die Anfangsbedingungen

$C_1 = 1$; $C_2 = 0$; $C_3 = 3$

22.4:
$$x = C_1 e^{3t} + C_2 e^{-t}$$
$$y = C_2 e^{-t} + C_3 e^{t}$$
$$z = C_1 e^{3t} + C_3 e^{t}$$

22.5:
$$y_1 = C_1 e^{-3x} + C_2 x\, e^{-3x} + \cos x$$
$$y_2 = \frac{1}{2} C_1 e^{-3x} + \frac{1}{2} C_2 \left(x - \frac{1}{2}\right) e^{-3x} - \sin x$$

22.6:
$$y_1 = C_1 e^{-7x} + C_2 x\, e^{-7x} + \cos 3x$$
$$y_2 = \frac{1}{2} C_1 e^{-7x} + \frac{1}{2} C_2 \left(x - \frac{1}{12}\right) e^{-7x} + \sin 3x$$

22.7:
$$\vec{y} = C_1 \begin{pmatrix} 0 \\ -3 \\ 1 \end{pmatrix} e^{x} + C_2 \begin{pmatrix} 1 \\ 0 \\ 0 \end{pmatrix} e^{x} + C_3 \begin{pmatrix} 2 \\ 1 \\ 1 \end{pmatrix} e^{5x} - \begin{pmatrix} 5 \\ 3 \\ 2 \end{pmatrix} e^{3x}$$

22.8:
$$\vec{y} = C_1 \begin{pmatrix} 1 \\ 1 \\ 1 \end{pmatrix} e^{2x} + C_2 \begin{pmatrix} -1 \\ 0 \\ 1 \end{pmatrix} e^{-x} + C_3 \begin{pmatrix} -1 \\ 1 \\ 0 \end{pmatrix} e^{-x} + \begin{pmatrix} -1 \\ 0 \\ -1 \end{pmatrix} e^{x}$$

22.9: Allgemeine Lösung:
$$y_1 = C_1 e^{-x} + C_2 e^{2x}$$
$$y_2 = 2C_1 e^{-x} + \frac{1}{2} C_2 e^{2x}$$

Anfangsbedingungen: $C_1 = \frac{14}{3}$; $C_2 = -\frac{8}{3}$

22.10: Allgemeine Lösung:

$$y_1 = C_1 e^{x} + C_2 e^{(1+\sqrt{2})x} + C_3 e^{(1-\sqrt{2})x}$$
$$y_2 = -C_1 e^{x} + (-1+\sqrt{2})\, C_2 e^{(1+\sqrt{2})x} - (1+\sqrt{2})\, C_3 e^{(1-\sqrt{2})x}$$
$$y_3 = (2-\sqrt{2})\, C_2 e^{(1+\sqrt{2})x} + (2+\sqrt{2})\, C_3 e^{(1-\sqrt{2})x}$$

Anfangsbedingungen: $C_1 = 2$; $C_2 = 1+\sqrt{2}$; $C_3 = 1-\sqrt{2}$

22.11: Allgemeine Lösung:

$$y = C_1 \begin{pmatrix} 1 \\ 1 \\ 1 \\ 1 \end{pmatrix} e^{x} + C_2 \begin{pmatrix} 1 \\ -1 \\ 1 \\ -1 \end{pmatrix} e^{-x} + C_3 \left(\begin{pmatrix} 1 \\ 0 \\ -4 \\ 0 \end{pmatrix} \cos 2x - \begin{pmatrix} 0 \\ 2 \\ 0 \\ -8 \end{pmatrix} \sin 2x \right) +$$

$$+ C_4 \left(\begin{pmatrix} 0 \\ 2 \\ 0 \\ -8 \end{pmatrix} \cos 2x + \begin{pmatrix} 1 \\ 0 \\ -4 \\ 0 \end{pmatrix} \sin 2x \right)$$

Anfangsbedingungen: $C_1 = -\frac{1}{2}$, $C_2 = \frac{3}{2}$, $C_3 = 0$, $C_4 = 1$

22.12: $y = C_1 \begin{pmatrix} -4 \\ -1 \\ 1 \end{pmatrix} e^{-x} + C_2 \begin{pmatrix} 1 \\ 0 \\ 0 \end{pmatrix} e^{x} + C_3 \begin{pmatrix} 0 \\ 1 \\ -1 \end{pmatrix} e^{x} + \begin{pmatrix} 3 \\ 2 \\ -1 \end{pmatrix}$

23.1: a) (1) Durch Ausrechnen prüft man nach, daß
$\dot{V}(t) = A(t)\,V(t)$; $V(t) = (\vec{y}_{h1}, \vec{y}_{h2})$

(2) $W(t) = \det V(t) = t(\sin t - t\cos t) \neq 0$

b) Variation der Konstanten; allgemeine Lösung

$$y = C_1 \begin{pmatrix} t \sin t \\ \cos t \end{pmatrix} + C_2 \begin{pmatrix} t^2 \\ 1 \end{pmatrix} - \begin{pmatrix} t^2 \cos t \\ \cos t \end{pmatrix}$$

Lösung des Anfangswertproblems $C_1 = -1$; $C_2 = \frac{2}{\pi}$

23.2: a) (1) Durch Ausrechnen prüft man nach, daß
$V(t) = A(t)\,V(t)$; $V(t) = (\vec{y}_{h1}, \vec{y}_{h2})$

(2) $W(t) = \det V(t) = e^{t} > 0$

b) Variation der Konstanten; allgemeine Lösung

$$y = C_1 \begin{pmatrix} e^{t} \sin t \\ \cos t \end{pmatrix} + C_2 \begin{pmatrix} -e^{t} \cos t \\ \sin t \end{pmatrix} - \begin{pmatrix} \sin t \\ e^{-t} \cos t \end{pmatrix}$$

Lösung des Anfangswertproblems $C_1 = 0$; $C_2 = 1$

24.1: $y_1 = x \sin x$, $y_2 = -x \cos x$

24.2: $y_1 = e^{x}$, $y_2 = e^{x} \ln(x+1)$

24.3: a) Homogene Dgl.
Man erkennt durch Einsetzen (Probieren) eine Lösung $y_{h1} = x$; durch Reduktion der Ordnung ermittelt man $y_{h2} = -\frac{1}{2} x \cos 2x$

b) Inhomogene Dgl.
Variation der Konstanten:
$y = C_1 x + C_2 \cdot \frac{1}{2} x \cos 2x - \frac{1}{2} x \sin 2x + x \cos 2x$

24.4: $y_1 = \sin x$, $y_2 = \sin^2 x$ ist Fundamentalsystem, denn die Wronskideterminante ist $W(x) = \sin^2 x \cos x \neq 0$.

24.5: $y = C_1(x^2 + x \ln x) + C_2 x$

25.1: a) $y_1(x) = \sum_{n=0}^{\infty} x^n = \frac{1}{1-x}$; $\rho = 1$

b) $y_2(x) = \frac{\ln x}{1-x}$

25.2: $y = a_1 x + a_o\left(1 - \sum_{m=1}^{\infty} \frac{1}{2m-1} x^{2m}\right)$; $\rho = 1$

25.3: $w = \sum_{n=0}^{\infty} (-1)^n z^{2n} = \frac{1}{1+z^2}$

25.4: a) $y = a_o \sum_{n=0}^{\infty} \frac{4^n}{(2n)!} x^n$

b) Transformierte Dgl. $\ddot{y} - y = 0$

Allgemeine Lösung: $y(x) = C_1 e^{2\sqrt{x}} + C_2 e^{-2\sqrt{x}}$

c) Um die Lösung von a) in der allgemeinen Lösung von b) wiederzuerkennen, muß man diejenigen Lösungen von b) suchen, die in eine Potenzreihe um $x_o = 0$ entwickelt werden können. Bekanntlich kann $\sqrt{x}$ nicht in eine Po= tenzreihe um $x_o = 0$ entwickelt werden. Man muß also in b) diejenige Linearkombination C_1, C_2 wählen, bei denen sich in der Potenzreihenentwicklung von b)

$$y = C_1 \sum_{n=0}^{\infty} \frac{2^n}{n!} x^{n/2} + C_2 \sum_{n=0}^{\infty} \frac{(-2)^n}{n!} x^{n/2}$$

die Potenzen mit ungeradem n gegenseitig aufheben. Das ist der Fall für $C_1 = C_2$ $(= a_o/2)$:

$$y = C_1 \sum_{m=0}^{\infty} \frac{4^m}{(2m)!} x^m = C_1 (e^{2\sqrt{x}} + e^{-2\sqrt{x}}) = 2 C_1 \operatorname{Cosh}(2\sqrt{x})$$

25.5: $y(x) = a_1 \sum_{m=0}^{\infty} \frac{1 \cdot 3 \cdot 5 \cdot \ldots \cdot (2m-1)}{2 \cdot 4^2 \cdot 6^2 \cdot \ldots \cdot (2m)^2 \cdot (2m+2)} x^{2m+1}$, $\rho = \infty$

26.1: a) Der angegebene Lösungsweg führt auf die Dgln.:

$x^2 v' - x v = 0$ und $u'' - u = 0$

$y = x(C_1 e^x + C_2 e^{-x})$

b) $y = e^x - \frac{1}{2}(x^2 + 2x + 2)$

26.2: a) $y = \frac{1}{a}\,\mathrm{Cosh}\,(ax + c) + d$

$y(0) = 0,\ y'(0) = 0 \Rightarrow c = 0\ ,\quad d = -\frac{1}{a}$

b) $s(b) = \int_0^b \sqrt{1 + y'^2}\,dx = \frac{1}{a}\,\mathrm{Sinh}\,(ab)$

$y'(b) = 2 \Rightarrow b = \frac{1}{a}\,\mathrm{Arsinh}\,(2)$

$\Rightarrow\ s(b) = \frac{2}{a}$

c) $y(b) = \frac{1}{a}(\sqrt{5} - 1)$

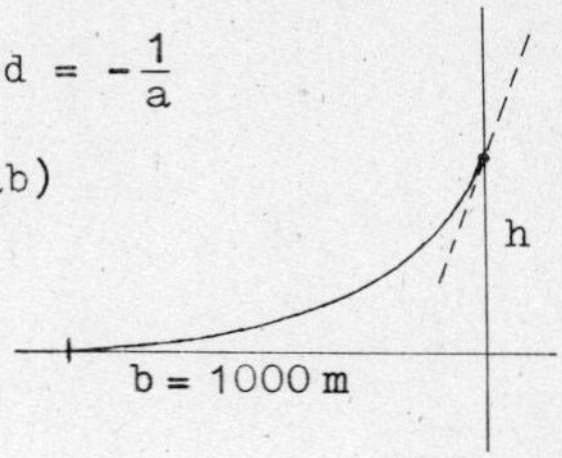

h

b = 1000 m

26.3: Allgemeine Lösung siehe Bsp. 26.7.3

$x = r\cos\varphi\ ,\ y = r\sin\varphi\ ,\ r = \varphi + c$

Anfangsbedingung: $y(1) = 0$ d.h. $x_o = 1\ ,\ y_o = 0$

$r_o = 1\ ,\ \varphi_o = 0 \Rightarrow c = 1$

Lösung des Anfangswertproblems $r = \varphi + 1$

26.4: Anstelle der abhängigen Variablen $y(x)$ wird die abhängige Variable $v(x) = y^2\sin(x + y)$ eingeführt. Dies führt auf eine Dgl. für v: $v' = 0 \Rightarrow v(x) = c \Rightarrow y^2\sin(x+y) = c \Rightarrow$

$x = -y + \arcsin\frac{c}{y^2}$

26.5: Bernoulli Dgl. ; Lösung $y = \frac{1}{\sqrt{c + x^2}}\, e^{-\frac{x^2}{2}}$

26.6: a) $x^2 + y^2 = Cy$

b) $x = 0\ ,\ y = 1 \Rightarrow C = 1$

$x = 0\ ,\ y = -1 \Rightarrow C = -1$

c) $(y \mp \frac{1}{2})^2 + x^2 = (\frac{1}{2})^2$ Kreise um $\pm\frac{1}{2}$, Radius $\frac{1}{2}$

Flächeninhalt $2(\pi(\frac{1}{2})^2) = \frac{\pi}{2}$

26.7: Siehe Bsp. 26.3.2 $x^2 e^y + y^2 e^y = C$

26.8: a) Ähnlichkeitsdgl. ; Lösung $y = x\cdot\sqrt[3]{\ln|x| + C}$

b) Bernoulli-Dgl. ; Lösung $y = \pm\left((1 + x^2)(C - \ln(1 + x^2))\right)^{-\frac{1}{2}}$

26.9: a) Ähnlichkeitsdgl. ; Lösung $y^2 - xy = x^2(\ln|x| + C)$

b) Bernoulli-Dgl. ; Lösung $y = \left(\frac{C - x}{\sin x}\right)^2$

26.10: a) $u = C_1 e^t + C_2 e^{-2t} + \frac{1}{3} t e^t$

b) Transformierte Dgl. $\ddot{y} + \dot{y} - 2y = e^t$

Lösung $y(x) = C_1 e^{x^2} + C_2 e^{-2x^2} + \frac{1}{2}x^2 e^{x^2}$

27.1: a) $x \cdot \ln x \cdot y' - y = 0$

b) $y y' = -x \ln x \Rightarrow x^2 \ln x - \frac{1}{2} x^2 + y^2 = C$

c) $(1+\xi)^2 \ln(1+\xi) - \frac{1}{2}(1+\xi)^2 + \eta^2 = C \Rightarrow$

$$(1+2\xi+\xi^2)(\xi - \frac{1}{2}\xi^2 \pm \ldots) - \frac{1}{2}(1+2\xi+\xi^2) + \eta^2 = C$$

$\Rightarrow \xi^2 + \eta^2 +$ (Glieder höherer Ordnung als 2) $= \sqrt{\frac{1}{2} + C}$

d.h. in der Umgebung von $(1, 0)$ haben die Orthogonal= trajektorien die Gestalt von Kreisen.

27.2: a) Dgl. ist exakt, falls $a = b$. Lösungen der Dgl. in diesem Fall: $x^2 + y^2 + axy = C$

b) Dgl. von $y^2 = 2x + C$: $y \cdot y' = 1$

Dgl. der Orthogonaltrajektorien $y' + y = 0$

$\Rightarrow y = C e^{-x}$

27.3: a1) $(y-c)^2 + x^2 = 1 - c^2$

a2) $\frac{y^2}{2} + x^2 = 1$ (Ellipse)

b) $y = C \cdot e^{-x}$

27.4: Dgl. der Kurvenschar $-y^2 y' - x y' + y = 0$

Dgl. der Orthogonaltrajektorien $y^2 + x + y y' = 0$

Orthogonaltrajektorien $y^2 = C e^{-2x} - x + \frac{1}{2}$

28.1: Euler-Dgl. mit allgemeiner Lösung $y = C_1 \sqrt{x} + C_2 \ln x \sqrt{x} + x$

Eindeutige Lösung des Randwertproblems $y = -\sqrt{x} + x$

28.2: Allgemeine Lösung der Dgl. $y = C_1 \cos x + C_2 \sin x + x^2 - 2$

Eindeutige Lösung des Randwertproblems $y = 2 \cos x + x^2 - 2$

28.3: Allgemeine Lösung der Dgl.

im Falle $\omega \neq 0$: $y = e^{x/2}(C_1 \cos \omega x + C_2 \sin \omega x)$

im Falle $\omega = 0$: $y = e^{x/2}(C_1 + C_2 \cdot x)$

Für die Eigenwerte $\omega = \frac{2k+1}{2}\pi$, $k = 0, \pm 1, \pm 2, \ldots$

hat das Randwertproblem die nicht-trivialen Lösungen

$$y = C_1 e^{x/2} \cos\left(\frac{2k+1}{2}\pi x\right) + C_2 e^{x/2} \sin\left(\frac{2k+1}{2}\pi x\right)$$

28.4: Allgemeine Lösung der Dgl.

im Falle $\omega = 0$: $y = C_1 + C_2 x + C_3 \cos x + C_4 \sin x$

im Falle $\omega = 1$: $y = C_1 \cos x + C_2 \sin x + C_3 x \cos x + C_4 x \sin x$

im Falle $\omega \neq 0$ und $\neq 1$: $y = C_1 \cos \omega x + C_2 \sin \omega x + C_3 \cos x + C_4 \sin x$

Für die Eigenwerte $\omega = 2k+1$, $k = \pm 1, \pm 2, \pm 3, \ldots$
hat das Randwertproblem die nicht-trivialen Lösungen

$$y = C_1(\cos(2k+1)x - \cos x) + C_2(\sin(2k+1)x - (2k+1)\sin x)$$

Für $\omega = 0$ und $\omega = 1$ gibt es keine nicht-trivialen Lösungen.

28.5: Euler-Dgl. mit allgemeiner Lösung $y = C_1 \frac{1}{x} + C_2 \frac{\ln x}{x} + x^2$

Eindeutige Lösung des Randwertproblems $y = -\frac{1}{x} + x^2$

28.6: Euler-Dgl. mit allgemeiner Lösung:

$$y = C_1 x^2 + C_2 \frac{1}{x^5} + (\ln x)^2 + \ln x + \frac{1}{2}$$

Eindeutige Lösung des Randwertproblems

$$y = \frac{1}{2}x^2 + (\ln x)^2 + \ln x + \frac{1}{2}$$

29.1: Lösung der homogenen Dgl.: $y_h = A\cos\omega x + B\sin\omega x$

Lösung der inhomogenen Dgl.: Man entwickelt die rechte Seite $f(x) = \sin\pi x$, $0 \leq x \leq 1$ in eine gerade Fourier=reihe der Periode 2:

$$f(x) = \frac{2}{\pi} - \frac{4}{\pi}\sum_{n=1}^{\infty} \frac{\cos 2m\pi x}{(2m-1)(2m+1)}.$$ Mit dem Ansatz

$$y_p = A_o + \sum_{m=1}^{\infty} (A_{2m}\cos 2m\pi x + B_{2m}\sin 2m\pi x)$$ erhält man

die partikuläre Lösung $y_p = \frac{2}{\pi\omega^2} - \frac{4}{\pi}\sum_{m=1}^{\infty} \frac{\cos 2m\pi x}{(\omega^2 - 4\pi^2 m^2)(4m^2-1)}$

29.2: $f(x) = \frac{1}{\pi}(1 - e^{-\pi}) + \frac{2}{\pi}\sum_{n=1}^{\infty}(1 - (-1)^n e^{-\pi}) \frac{1}{1+n^2} \cos nx$

29.3: $f(x) = (e-1) + \sum_{n=1}^{\infty} \frac{2e(-1)^n - 2}{1 + n^2\pi^2} \cos n\pi x$

29.4: $f(x) = \frac{4}{\pi}\left(\frac{\sin x}{1} + \frac{\sin 3x}{3} + \frac{\sin 5x}{5} + \ldots\right)$

29.5: $f(x) = \frac{2}{\pi}\sum_{m=1}^{\infty} \frac{1}{2m-1} \sin(2m-1)x + \frac{2}{\pi}\sum_{m=1}^{\infty} \frac{1}{4m-2} \sin(4m-2)x$

29.6: a) $f(x) = \frac{2}{3} - \frac{4}{\pi^2}\sum_{n=1}^{\infty} \frac{(-1)^n}{n^2} \cos n\pi x$

b) $f(x)$ ist stetig und zweimal stückweise stetig differen=zierbar $\Rightarrow$ Fourierreihe konvergiert gleichmäßig.

c) $1 = f(0) = \frac{2}{3} - \frac{4}{\pi^2}\sum_{n=1}^{\infty} \frac{(-1)^n}{n^2} \Rightarrow \sum_{n=1}^{\infty} \frac{(-1)^n}{n^2} = -\frac{\pi^2}{12}$

29.7: a)

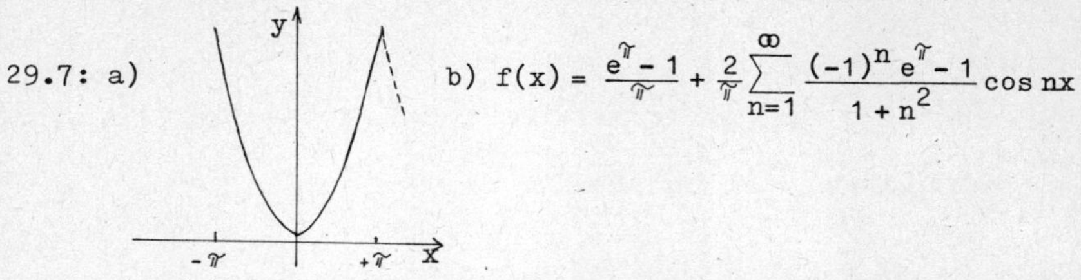

b) $f(x) = \frac{e^{\pi}-1}{\pi} + \frac{2}{\pi}\sum_{n=1}^{\infty} \frac{(-1)^n e^{\pi}-1}{1+n^2} \cos nx$

c) f(x) ist stetig und zweimal stückweise stetig differen= zierbar ⇒ Fourierreihe konvergiert gleichmäßig. Summe der Fourierreihe stimmt an jeder Stelle x mit der Funk= tion überein.

29.8: $f(x) = 2\,\frac{\operatorname{Sinh}\pi}{\pi}\left(\frac{1}{2} + \sum_{n=1}^{\infty} \frac{(-1)^n}{1+n^2}(\cos nx - n\sin nx)\right)$

f(x) ist stückweise stetig und stückweise zweimal stetig differenzierbar ⇒ Fourierreihe konvergiert gleichmäßig gegen e^x für $x \in (-\pi, \pi)$ und gegen $\operatorname{Cosh}\pi$ für $x = \pm\pi$

29.9: $f(x) = \frac{1}{\pi}(\operatorname{Cosh}\pi - 1) + \sum_{n=1}^{\infty} \frac{2}{\pi(1+n^2)}((-1)^n \operatorname{Cosh}\pi - 1)\cos nx$

f(x) ist stetig und zweimal stückweise stetig differen= zierbar ⇒ Fourierreihe konvergiert gleichmäßig gegen f(x) für $x \in \mathbb{R}$.

29.10: $f(x) = \frac{4}{\pi}\left(\frac{1}{2} + \sum_{n=1}^{\infty} \frac{(-1)^{n-1}}{4n^2-1} \cos 2nx\right)$

29.11: $f(x) = \frac{1}{4} + \frac{1}{\pi}\sum_{m=1}^{\infty}\left(-\frac{2}{(2m-1)^2}\cos(2m-1)\pi x + \frac{1}{2m-1}\sin(2m-1)\pi x\right) -$

$- \frac{1}{\pi}\sum_{m=1}^{\infty} \frac{1}{2m}\sin 2m\pi x$

30.1: $u(x,t) = \frac{1}{2} + \frac{2}{\pi}\sum_{m=0}^{\infty}\left(\frac{e^{-(4m+1)^2 t}}{4m+1}\cos(4m+1)x -\right.$

$\left.- \frac{e^{-(4m+3)^2 t}}{4m+3}\cos(4m+3)x\right)$

30.2: $u(x,t) = \frac{4}{\pi}\sum_{m=0}^{\infty} \frac{e^{-(2m+1)t}}{2m+1}\sin(2m+1)x$

30.3: $u(x,y) = \sum_{n=1}^{\infty}\left(\frac{12}{n^3} - \frac{2\pi^2}{n}\right)\sin nx \cdot \cos 2ny$

31.1: a) $y(t) = 3,2 + 1,5\,t$

b) Siehe Teil A, Kapitel 17: $x_1 = 1$, $x_2 = -\lambda$, $x_3 = \lambda$.

31.2: Gleichungssystem für α und β :

$$\left.\begin{aligned} 354\alpha + 30\beta &= 207 \\ 30\alpha + 5\beta &= 20 \end{aligned}\right\} \qquad y = \frac{1}{2}t^2 + 1$$

32.1: a) $f(x) = \frac{1}{x} - r$,

Newtonverfahren: $x_{k+1} = x_k - \frac{f(x_k)}{f'(x_k)}$

b) $r = 4$; $\max\limits_{0,2 \le x \le 0,3} |\phi'(x)| = 0,4 < 1$; $\phi(0,2) = \phi(0,3) = 0,24$,

$\max \phi(x) = 0,25 \Rightarrow$ für jedes $x \in [0,2 ; 0,3]$ liegt auch $\phi(x)$ im Intervall. $\Rightarrow$ Konvergenz

c) $|x_3 - \bar{x}| \le 0,0064$

32.2: a) Für Anfangswerte aus dem Bereich $[0, 1]$ konvergiert das Verfahren gegen $\bar{x}$. Lipschitzkonstante $L = \ln 2$.

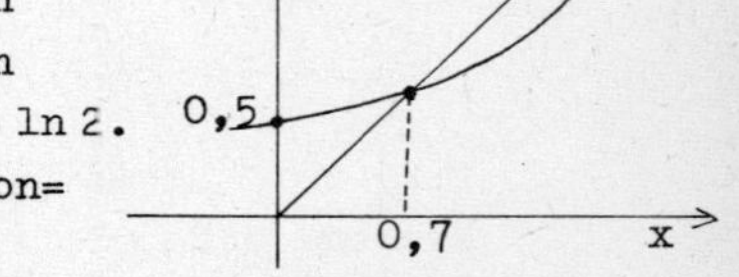

b) Aus der Zeichnung erkennt man Kon= vergenz gegen $\bar{\bar{x}}$ nur für $x_o = 2$

c) $x_o = 0$, $x_1 = 1/2$, $x_2 = \frac{1}{2}\sqrt{2} \approx 0,707$, für $k \ge 0$ wird der Fehler kleiner als 0,48.

32.3: a) $x_{n+1} = x_n \left(1 - \frac{\ln x_n + x_n - 2}{1 + x_n}\right)$

b) $x_1 = 1,557$; $x_2 \approx 1,557$

c) Man rechnet nach, daß die Konvergenzbedingungen aus 32.2 erfüllt sind.

32.4: a) Satz von Rouché: Gilt für alle z auf einer geschlossenen Kurve $C: |f(z)| > |g(z)|$, so haben f(z) und g(z) gleich viele Nullstellen im Innern von C. Aufspaltung von

$P(z) = f(z) + g(z)$ etwa für

$f(z) = 5z - 14$, $g(z) = z^3 + 6z^2$.

Da $|f(z)| > |g(z)|$ für z auf dem Kreis $|z| = 1$ ist, hat P(z) ebenso viele Nullstellen im Bereich $|z| < 1$ wie f(z), nämlich keine.

b) $x_o = 1$; $x_1 = 1,100$; $x_2 = 1,096$

c) Reduziertes Polynom: $x^2 + 7,1\,x + 12,81 \approx 0 \Rightarrow x \approx -3,55 \pm 0,46\,i$

32.5: Iterationsvorschrift:

$$x_n = x_{n-1} - \frac{P(x_{n-1})}{P'(x_{n-1})}$$

$x_o = 2$; $x_1 = 1{,}50$; $x_2 = 1{,}633$

32.6: $x_o = -1$; $x_1 = \frac{1}{2}$; $x_2 = \frac{103}{66}$

32.7: a) Iterationsvorschrift:

$$x_n = \frac{1}{3} \cdot e^{-x_{n-1}/2}$$

Lipschitzkonstante:

$L = \frac{1}{6}$; für $x \in I$ ist auch $g(x) \in I \Rightarrow$

Konvergenz.

$x_o = 0{,}3$; $x_1 = 0{,}2869$; $x_2 = 0{,}2888$.

$|x_5 - \overline{x}| \leq 2{,}02 \cdot 10^{-6}$

b) $f(x) = x^5 - a = 0$;

Newtonverfahren:

$$x_{n+1} = \frac{1}{5}(4\,x_n + \frac{a}{x_n^4})$$

32.8: a) Lipschitzkonstante:

$L = \frac{1}{4}$; für $x \in I$ ist auch $g(x) \in I$

Konvergenz.

Für $n \geq 21$ ist die geforderte Genauigkeit gesichert.

b) Newtonverfahren:

$$x_{n+1} = x_n - \frac{x_n - 1/4 \cos x_n}{1 + 1/4 \sin x_n}$$

$x_o = 0$; $x_1 = 0{,}25$; $x_2 = 0{,}2427$.

Man rechnet nach, daß die Konvergenzbedingungen aus 32.2 erfüllt sind.

33.1:

a) Gewicht $G_j = X_j + Y_j$ ist normalverteilt mit

$\mu_G = E(G_j) = E(X_j) + E(Y_j) = 13$ g

$\sigma_G^2 = V(G_j) = V(X_j) + V(Y_j) = 0,25\ g^2 \Rightarrow \sigma_G = 0,5$ g

$P(G_j \leq 12,75) = \phi\left(\frac{12,75 - 13}{0,5}\right) = \phi(-0,5) = 1 - \phi(0,5) = 0,3085$

b) Gewicht $S = \sum_{j=1}^{100} G_j$ ist normalverteilt mit

$\mu_S = E(S) = 100 \cdot E(G) = 1300$ g

$\sigma_S^2 = V(S) = 100 \cdot V(G) = 25\ g^2 \Rightarrow \sigma_S = 5$ g

$P(S \leq 1275) = \phi\left(\frac{1275 - 1300}{5}\right) = \phi(-5) = 1 - \phi(5) = 0,000\,000\,3$

33.2:

a) $P(R_1 < 44) = P(R_1 \leq 44) = \phi\left(\frac{44 - 50}{\sqrt{9}}\right) = \phi(-2) = 1 - \phi(2) = 0,0227$

b) $R = R_1 + R_2 + R_3 + R_4$ ist normalverteilt mit

$E(R) = 4 \cdot 50 = 200\ \Omega$

$V(R) = 4 \cdot 9 = 36\ \Omega^2$

$P(R \leq 194) = \phi\left(\frac{194 - 200}{\sqrt{36}}\right) = \phi(-1) = 1 - \phi(1) = 0,1587$

33.3: X normalverteilt mit $\mu = 10$ mm, $\sigma = 0,02$ mm

$P(X < 9,96) = \phi\left(\frac{9,96 - 10}{0,02}\right) = \phi(-2) = 1 - \phi(2) = 0,027$

$P(X > 10,03) = 1 - P(X \leq 10,03) = 1 - \phi\left(\frac{10,03 - 10}{0,02}\right) =$

$= 1 - \phi(1,5) = 0,0668$

$P(X < 9,96 \text{ oder } X > 10,03) = 0,027 + 0,0668 = 0,0938$

33.4: X Gewicht eines Luftpostbriefes

a) $P(X < 1,9) = \phi\left(\frac{1,9 - 1,96}{0,08}\right) = \phi(-0,75) = 1 - \phi(0,75) =$

$= 1 - 0,7734 = 0,2266$

In einem Päckchen mit 100 Umschlägen sind $100\,P(X < 19) = 22,66$ Umschläge zu erwarten, die weniger als 1,9 g wiegen.

b) $P(X > 2) = 1 - P(X \leq 2) = 1 - \phi\left(\frac{2 - 1,96}{0,08}\right) = 1 - \phi(0,5) =$

$= 1 - 0,6915 = 0,3085$

In einem Päckchen mit 100 Umschlägen sind $100 \cdot P(X > 2) = 30{,}85$ Umschläge zu erwarten, die mehr als 2 g wiegen.

34.1:

a) Erwartungswert μ des Gesamtgewichts

$$\mu = 2 \cdot \mu_1 + 4 \cdot \mu_2 + 1 \cdot \mu_3 = 24 + 18 + 1{,}6 = 43{,}6 \text{ g}$$

Standardabweichung σ des Gesamtgewichts

$$\sigma^2 = 2 \cdot \sigma_1^2 + 4 \cdot \sigma_2^2 + 1 \cdot \sigma_3^2 = 2 \cdot 0{,}4^2 + 4 \cdot 0{,}2^2 + 1 \cdot 0{,}1^2 = 0{,}49 \text{ g}^2$$

$$\sigma = 0{,}7 \text{ g}$$

b) Gesamtgewicht G

$$P(\text{"Spezialverpackung erforderlich"}) = P(G > 45) = 1 - P(G \leq 45) = $$
$$= 1 - \phi\left(\frac{45 - 43{,}6}{0{,}7}\right) = 1 - \phi(2) = 0{,}023$$

c) Hypothese $H_0: \mu_1 = 12$ g

Alternative $H_1: \mu_1 > 12$ g

$\alpha = 5\,\%$; $\sigma = 0{,}4$ g ist bekannt; $\bar{x} = 12{,}2$; $n = 25$

$$u = \frac{\bar{x} - \mu_1}{\sigma / \sqrt{n}} = \frac{12{,}2 - 12}{0{,}4} \cdot \sqrt{25} = 2{,}5$$

$$u_{1-\alpha} = u_{0,95} = 1{,}64$$

Da $u = 2{,}5 > 1{,}64 = u_{1-\alpha}$, so ist die Hypothese $H_0: \mu_1 = 12$ g zugunsten der Alternative $H_1: \mu_1 > 12$ g zu verwerfen.

34.2:

a) Gesamtgewicht G ist normalverteilt mit

$$E(G) = E(U) + 2 \cdot E(B) = 2 + 2 \cdot 1{,}35 = 4{,}7 \text{ g}$$
$$V(G) = V(U) + 2 \cdot V(B) = 0{,}25 + 2 \cdot 0{,}1 = 0{,}45 \text{ g}^2$$

Anzeige W der Waage ist normalverteilt mit

$$E(W) = E(G) + E(F) = 4{,}7 \text{ g}$$
$$V(W) = V(G) + V(F) = 0{,}45 + 0{,}04 = 0{,}49 \text{ g}^2$$

$$P(W > 5{,}4) = 1 - P(W \leq 5{,}4) = 1 - \phi\left(\frac{54 - 4{,}7}{0{,}7}\right) = 1 - \phi(1) = 0{,}159$$

b) $W = G + F$; $G = 5$ g exakt, dann ist $V(G) = 0$.

W ist normalverteilt mit

$$E(W) = E(G) + E(F) = 5 + 0 = 5 \text{ g}$$
$$V(W) = V(G) + V(F) = 0 + 0{,}04 = 0{,}04 \text{ g}$$

$$P(W > 5{,}4) = 1 - P(W \leq 5{,}4) = 1 - \phi\left(\frac{5{,}4 - 5}{0{,}04}\right) = 1 - \phi(2) = 0{,}023$$

c) Hypothese $H_o : \mu = 2$ g
Alternative $H_1 : \mu > 2$ g
$\alpha = 5\%$, $\sigma^2 = 0{,}25\ g^2$ bekannt, $\bar{x} = \frac{209}{100} = 2{,}09$, $\mu_o = 2$ g

$$u = \frac{\bar{x} - \mu_o}{\sigma/\sqrt{n}} = \frac{2{,}09 - 2}{0{,}5/\sqrt{100}} = \frac{0{,}09 \cdot 10}{0{,}5} = 1{,}8$$

$$u_{1-\alpha} = u_{0,95} = 1{,}64$$

Da $u = 1{,}8 > 1{,}64 = u_{1-\alpha}$, so ist die Hypothese $\mu = 2$ g zugunsten der Alternative $\mu > 2$ g zu verwerfen.

35.1: Die Zuverlässigkeit eines Geräts ist definiert als die Wahrscheinlichkeit, daß das Gerät intakt ist. Ist B_1 das Ereignis, daß das Bauteil b_1 intakt ist, und B_2 das Ereignis, daß der Bauteil b_2 intakt ist, so berechnet man die Wahrscheinlichkeit des Ereignisses B_{Ser}, daß die Serienschaltung B_{Ser}: •—[B_1]—[B_2]—•

intakt ist, als

$$P(B_{Ser}) = P(B_1) \cdot P(B_2)$$

und die Wahrscheinlichkeit des Ereignisses B_{Par}, daß die Parallelschaltung B_{Par}: (B_1 parallel zu B_2)

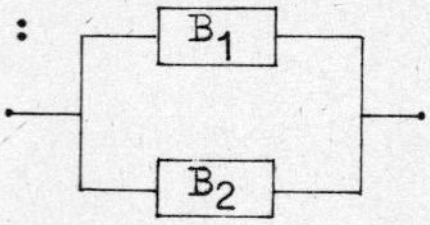

intakt ist, als

$$P(B_{Par}) = 1 - (1 - P(B_1)) \cdot (1 - P(B_2)) .$$

Das in der Aufgabe gegebene Gerät ist ein System von solchen Schaltungen. Seine Zuverlässigkeit kann durch Zerlegung berechnet werden.

Teilgerät C_1: (A_4 parallel zu A_5)

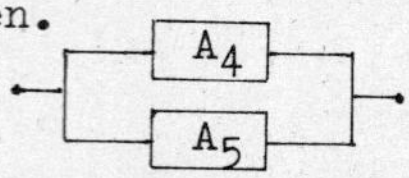

$$P(C_1) = 1 - (1 - P(A_4)) \cdot (1 - P(A_5)) = 1 - (1 - 0{,}9)(1 - 0{,}9)$$
$$= 1 - 0{,}01 = 0{,}99$$

Teilgerät C_2: •—[A_1]—[A_2]—•

$$P(C_2) = P(A_1) \cdot P(A_2) = 0{,}7 \cdot 0{,}8 = 0{,}56$$

Teilgerät C_3:

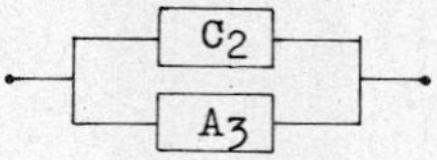

$$P(C_3) = 1 - (1 - P(C_2))\cdot(1 - P(A_1)) = 1 - (1 - 0{,}56)\cdot(1 - 0{,}7)$$
$$= 1 - 0{,}44\cdot 0{,}3 = 1 - 0{,}132 = 0{,}868$$

Teilgerät C_4:

$$P(C_4) = P(C_3)\cdot P(C_1) = 0{,}868\cdot 0{,}99 = 0{,}85932$$

Gerät G:

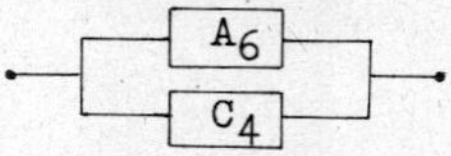

$$P(G) = 1 - (1 - P(A_6))\cdot(1 - P(C_4)) = 1 - (1 - 0{,}8)\cdot(1 - 0{,}85932)$$
$$= 1 - 0{,}2\cdot 0{,}14068 = 0{,}971864$$

35.2: Es sei A_i das Ereignis, daß der i-te Schuß trifft. Dann ist

$$P(A_1) = \frac{1}{3}\ ,\ P(A_2) = \frac{1}{4}\ ,\ P(A_3) = \frac{1}{4}$$

a) $E_1 = \overline{A}_1 \cap \overline{A}_2 \cap \overline{A}_3$

Da $\overline{A}_1, \overline{A}_2, \overline{A}_3$ unabhängige Ereignisse sind, so folgt

$$P(E_1) = P(\overline{A}_1)\,P(\overline{A}_2)\,P(\overline{A}_3) = \frac{2}{3}\cdot\frac{3}{4}\cdot\frac{3}{4} = \frac{3}{8}$$

b) $E_2 = \overline{A}_1 \cup \overline{A}_2 \cup \overline{A}_3$

Die Ereignisse $\overline{A}_1, \overline{A}_2, \overline{A}_3$ sind nicht disjunkt. Es gilt

$$P(E_2) = P(\overline{A}_1 \cup (\overline{A}_2 \cup \overline{A}_3)) =$$
$$= P(\overline{A}_1) + P(\overline{A}_2 \cup \overline{A}_3) - P(\overline{A}_1 \cap (\overline{A}_2 \cup \overline{A}_3)) =$$
$$= P(\overline{A}_1) + P(\overline{A}_2) + P(\overline{A}_3) - P(\overline{A}_2 \cap \overline{A}_3) - P((\overline{A}_1 \cap \overline{A}_2) \cup (\overline{A}_1 \cap \overline{A}_3)) =$$
$$= P(\overline{A}_1) + P(\overline{A}_2) + P(\overline{A}_3) - P(\overline{A}_2 \cap \overline{A}_3) - (P(\overline{A}_1 \cap \overline{A}_2) +$$
$$+ P(\overline{A}_1 \cap \overline{A}_3) - P(\overline{A}_1 \cap \overline{A}_2 \cap \overline{A}_3))$$
$$= \frac{2}{3} + \frac{3}{4} + \frac{3}{4} - \frac{3}{4}\cdot\frac{3}{4} - \left(\frac{2}{3}\cdot\frac{3}{4} + \frac{2}{3}\cdot\frac{3}{4} - \frac{3}{8}\right) = \frac{47}{48}$$

Oder: $\overline{E}_2$ ist das Ereignis, daß alle drei Schüsse treffen, also ist $\overline{E}_2 = A_1 \cap A_2 \cap A_3$ und somit

$$P(E_2) = 1 - P(\overline{E}_2) = 1 - P(A_1)\cdot P(A_2)\cdot P(A_3) = 1 - \frac{1}{3}\cdot\frac{1}{4}\cdot\frac{1}{4} = \frac{47}{48}$$

c) $E_3 = \overline{A}_1 \cap \overline{A}_2$ (Der Ausgang des 3. Schusses interessiert für E_3 nicht.)

$$P(E_3) = P(\overline{A}_1)\cdot P(\overline{A}_2) = \frac{2}{3}\cdot\frac{3}{4} = \frac{1}{2}$$

35.3: Ereignis E_i : Beim i-ten Wurf mit einem Würfel keine Zahl unter 4, also eine Zahl ≥ 4 zu würfeln.

Ereignis $E_1 \cap E_2 \cap \ldots \cap E_n$: bei n Würfen keine Zahl unter 4 zu würfeln.

Dann ist $P(E_i) = \frac{3}{6} = \frac{1}{2}$ und wegen der Unabhängigkeit der $E_1, E_2, \ldots, E_n$

$P(E_1 \cap E_2 \ldots \cap E_n) = P(E_1) \cdot P(E_2) \ldots \cdot P(E_n) = (\frac{1}{2})^n$

Gesucht sind diejenigen n, für die

$P(E_1 \cap E_2 \ldots \cap E_n) \leq 0{,}001$ also $(\frac{1}{2})^n \leq 0{,}001$ gilt.

Logarithmieren dieser Ungleichung

$$n \cdot \log_{10}(\tfrac{1}{2}) \leq \log_{10}(0{,}001)$$

$$\Rightarrow -n \cdot \log_{10}(2) \leq -3$$

$$\Rightarrow n \geq 3/0{,}30103 = 9{,}966$$

Für $n \geq 10$ ist also $(\frac{1}{2})^n \leq 0{,}001$.

35.4: Binomialverteilung: $p = \frac{3}{50}$, $n = 5$, $k = n = 5$

X Anzahl der fehlerhaften Geräte.

$P(X = 5) = \binom{5}{5} p^0 (1 - p)^5 = (1 - \frac{3}{50})^5 = (\frac{47}{50})^5 = 0{,}734$

35.5: Ereignis E_i: beim i-ten Wurf eine gerade Zahl zu würfeln

Ereignis $\overline{E}_i$: beim i-ten Wurf eine ungerade Zahl zu würfeln

$$P(E_i) = \frac{1}{2}, \quad P(\overline{E}_i) = \frac{1}{2}$$

a) Das Ereignis, daß das Spiel beim n-ten Wurf endet, d.h. beim n-ten Wurf erstmals eine ungerade Augenzahl auf= tritt, ist

$E_1 \cap E_2 \cap \ldots \cap E_{n-1} \cap E_n$

Da die einzelnen Ereignisse unabhängig sind, gilt

$P(E_1 \cap E_2 \cap \ldots \cap E_{n-1} \cap \overline{E}_n) = P(E_1) \cdot P(E_2) \ldots \cdot P(\overline{E}_n) = (\frac{1}{2})^n$

b) Es gibt drei Möglichkeiten:

(1) In den ersten beiden Würfen 6, dann keine 6

$$P_1 = \frac{1}{6} \cdot \frac{1}{6} \cdot \frac{5}{6} = \frac{5}{216}$$

(2) Im ersten Wurf eine gerade von 6 verschiedene Zahl, dann zweimal eine 6

$$P_2 = \frac{2}{6}\cdot\frac{1}{6}\cdot\frac{1}{6} = \frac{2}{216}$$

(3) Im ersten Wurf eine 6, dann eine gerade von 6 verschiedene Zahl, dann wieder eine 6

$$P_3 = \frac{1}{6}\cdot\frac{2}{6}\cdot\frac{1}{6} = \frac{2}{216}$$

Die drei Möglichkeiten sind disjunkt, also ist die gesuchte Wahrscheinlichkeit

$$P = P_1 + P_2 + P_3 = \frac{9}{216} = \frac{1}{24}$$

35.6: Ereignis A_i : Schalter S_i ist geschlossen,
Ereignis A : Verbindung E nach F ist geschlossen

Für das Ereignis $B = A_1 \cap A_2$, daß S_1 und S_2 geschlossen sind, gilt

$$P(B) = P(A_1)\cdot P(A_2) = 0{,}8\cdot 0{,}7 = 0{,}56 .$$

Für das Ereignis $C = A_3 \cap A_4$, daß S_3 und S_4 geschlossen sind, gilt

$$P(C) = P(A_3)\cdot P(A_4) = 0{,}8\cdot 0{,}7 = 0{,}56 .$$

a) Unter der Voraussetzung, daß S_5 offen ist (Ereignis $\overline{A}_5$), tritt A ein, wenn B oder C eintritt:

$$\begin{aligned} P(A\,|\,\overline{A}_5) &= P(B \cup C) = P(B) + P(C) - P(B \cap C) \\ &= 0{,}56 + 0{,}56 - 0{,}56\cdot 0{,}56 = 0{,}8064 \end{aligned}$$

b) Unter der Voraussetzung, daß S_5 geschlossen ist (Ereignis A_5), tritt A ein, wenn (S_1 oder S_3) und (S_2 oder S_4) geschlossen sind:

$$\begin{aligned} P(A|A_5) &= P((A_1 \cup A_3) \cap (A_2 \cup A_4)) = \\ &= P(A_1 \cup A_3)\cdot P(A_2 \cup A_4) = \\ &= (P(A_1)+P(A_3)-P(A_1 \cap A_3))(P(A_2)+P(A_4)-P(A_2 \cap A_4)) \\ &= (0{,}8 + 0{,}8 - 0{,}8\cdot 0{,}8)\cdot(0{,}7 + 0{,}7 - 0{,}7\cdot 0{,}7) = \\ &= 0{,}96\cdot 0{,}91 = 0{,}8736 \end{aligned}$$

c) $P(A_5) = 0{,}5$, $P(\overline{A}_5) = 0{,}5$

Regel von der totalen Wahrscheinlichkeit

$$\begin{aligned} P(A) &= P(A\,|\,A_5)\,P(A_5) + P(A\,|\,\overline{A}_5)\,P(\overline{A}_5) \\ &= 0{,}8064\cdot 0{,}5 + 0{,}8736\cdot 0{,}5 = 0{,}84 \end{aligned}$$

35.7: Binomialverteilung; interessierendes Ereignis E, Ziehen einer blauen Kugel, $p = P(E) = \frac{5}{30+15+5} = \frac{1}{10}$,
X Anzahl der gezogenen blauen Kugeln, n = 6

a) $E(X) = n\cdot p = 6\,\frac{1}{10} = 0{,}6$; $V(X) = n\cdot p(1-p) = 6\cdot\frac{1}{10}\cdot\frac{9}{10} = 0{,}54$

b) $P(X=4) = \binom{6}{4}\left(\frac{1}{10}\right)^4\left(\frac{9}{10}\right)^2 = \frac{15\cdot 81}{10^6} = 0{,}001215$

35.8: Die Wahrscheinlichkeit, daß ein Arbeiter zu einer bestimmten Zeit Strom benötigt, ist $p = \frac{6}{60} = \frac{1}{10}$. Unter der Annahme, daß n = 6 Arbeiter unabhängig voneinander Strom benötigen, ist die Anzahl X der Arbeiter, die zu einer bestimmten Zeit t Strom benötigen, binomialverteilt.

$$P(X=k) = \binom{6}{k}\left(\frac{1}{10}\right)^k\left(\frac{9}{10}\right)^{6-k}$$

Also ist die Wahrscheinlichkeit, daß mehr als drei Arbeiter gleichzeitig Strom benötigen, gleich

$$P(X>3) = \binom{6}{4}\left(\frac{1}{10}\right)^4\left(\frac{9}{10}\right)^2 + \binom{6}{5}\left(\frac{1}{10}\right)^5\left(\frac{9}{10}\right) + \binom{6}{6}\left(\frac{1}{10}\right)^6 =$$
$$= 10^{-6}(15\cdot 81 + 6\cdot 9 + 1) = 0{,}00127$$

Es genügt also sicherlich, die Stromversorgung für drei Arbeiter einzurichten.

35.9: a) Verteilungsfunktion

$$F(x) = \begin{cases} \int_2^x 3\cdot e^{-3(t-2)}\,dt & \text{für } x \geq 2 \\ 0 & \text{für } x < 2 \end{cases}$$
$$= \begin{cases} 1 - e^{-3(x-2)} & \text{für } x \geq 2 \\ 0 & \text{für } x < 2 \end{cases}$$

Erwartungswert

$$E(X) = \int_2^\infty x\cdot 3\cdot e^{-3(x-2)}\,dx = \int_0^\infty (u+2)\cdot 3\cdot e^{-3u}\,du = \frac{1}{3} + 2 = \frac{7}{3}$$

2.Moment

$$E(X^2) = \int_2^\infty x^2\cdot 3\cdot e^{-3(x-2)}\,dx = \int_0^\infty (u+2)^2\cdot 3\cdot e^{-3u}\,du = \frac{50}{9}$$

Varianz

$$V(X) = E(X^2) - (E(X))^2 = \frac{50}{9} - \left(\frac{7}{3}\right)^2 = \frac{1}{9}$$

b) Y sei die Anzahl des Auftretens einer Augenzahl größer 4, Wahrscheinlichkeit des Auftretens einer Augenzahl größer als 4 ist $p = \frac{2}{6} = \frac{1}{3}$; n = 5 Würfe; Y binomialverteilt:

$$P(\text{Prämie}) = P(Y \geq 2) = 1 - P(Y=0) - P(Y=1) =$$
$$= 1 - \binom{5}{0}\left(\frac{1}{3}\right)^0\left(\frac{2}{3}\right)^5 - \binom{5}{1}\left(\frac{1}{3}\right)^1\left(\frac{2}{3}\right)^4 = \frac{131}{243}$$

35.10: a) Ereignisse

A_1 : Sofortiger Abschluß

A_2 : Vereinbarung eines Zweitbesuchs

V : Verkauf

$$P(V) = P(A_1 \cup (A_2 \cap V)) = P(A_1) + P(A_2 \cap V) =$$
$$= P(A_1) + P(V|A_2) \cdot P(A_2) =$$
$$= 0{,}08 + 0{,}20 \cdot 0{,}10 = 0{,}1 = 10\%$$

b) $P(\bar{V}) = 1 - P(V) = 0{,}9$

$(P(\bar{V}))^8 = 0{,}9^8 = 0{,}4305$

c) Anzahl X der Kunden, bei denen ein Verkauf zustande kommt, ist binomialverteilt mit n = 8, p = 0,1

$$P(X > 1) = 1 - P(X=0) - P(X=1) =$$
$$= 1 - \binom{8}{0} \cdot 0{,}1^0 \cdot 0{,}9^8 - \binom{8}{1} \cdot 0{,}1^1 \cdot 0{,}9^7 =$$
$$= 1 - 0{,}4305 - 0{,}3826 = 0{,}1869$$

Literaturverzeichnis

1. Bosch K.: Angewandte mathematische Statistik
rororo Vieweg Verlag 1976

2. Bronstein I., Semendjajew K.: Taschenbuch der Mathematik
Verlag Harry Deutsch 1975

3. Dallmann H., Elster K.-H.: Einführung in die höhere Mathematik
Vieweg Verlag 1976

4. Heinhold J., Gaede K.-W.: Ingenieurstatistik
Oldenbourg Verlag 1972

5. Laugwitz D.: Ingenieurmathematik I bis V
Bibliographisches Institut Mannheim 1964

6. Spiegel M.R.: Advanced Calculus
McGraw-Hill Book Company 1964

7. Spivak M.: Calculus W.A. Benjamin Inc. 1967

Sachverzeichnis

Zur Vorbereitung auf die Diplomvorprüfung in Mathematik für Studenten der Ingenieurwissenschaften ist bei uns ebenfalls lieferbar:

W. Dolejsky/H. D. Unkelbach:

Repetitorium Mathematik

für Studenten der Ingenieurwissenschaften mit Aufgaben aus Diplomvorprüfungen für Elektrotechniker

Teil A

Ein Katalog wichtiger mathematischer Lösungsmethoden mit 128 durchgerechneten Textbeispielen und 156 gelösten Prüfungsaufgaben

HAAG + HERCHEN Verlag GmbH. 1977. 192 Seiten. Paperback DM 14,80. ISBN 3-88129-048-6

Inhalt des Teiles A:

I. Begriffe und Methoden: 1. Vollständige Induktion – 2. Unendliche Folgen – 3. Unendliche Reihen – 4. Potenzreihen – 5. Grenzwertberechnung – 6. Funktion einer Veränderlichen – 7. Integration – 8. Funktionen mehrerer Variabler – 9. Mehrfachintegrale – 10. Kurven – 11. Kurvenintegrale – 12. Komplexe Zahlen – 13. Analytische Funktionen – 14. Laurentreihen – 15. Komplexe Integrale – 16. Analytische Geometrie – 17. Lineare Gleichungssysteme – 18. Matrizenrechnung, Eigenwerte. II. Aufgaben aus Diplomvorprüfungen in Mathematik für Elektrotechniker an der TH Darmstadt. III. Lösungen zu den Aufgaben. Literaturverzeichnis. Sachverzeichnis.

HAAG + HERCHEN Verlag GmbH · Fichardstraße 30
6000 Frankfurt/Main 1